教育部高职高专计算机教指委规划教材

Java 程序设计项目教程

主　编　张兴科　季昌武
副主编　王　建　张佃龙　王晓君

中国人民大学出版社
·北京·

图书在版编目（CIP）数据

Java 程序设计项目教程/张兴科，季昌武主编.
北京：中国人民大学出版社，2010
（教育部高职高专计算机教指委规划教材）
ISBN 978-7-300-12061-4

Ⅰ. ①J…
Ⅱ. ①张…②季…
Ⅲ. ①JAVA 语言-程序设计-高等学校：技术学校-教材
Ⅳ. ①TP312

中国版本图书馆 CIP 数据核字（2010）第 077350 号

教育部高职高专计算机教指委规划教材
Java 程序设计项目教程
主　编　张兴科　季昌武
副主编　王　建　张佃龙　王晓君

出版发行	中国人民大学出版社				
社　　址	北京中关村大街 31 号		邮政编码	100080	
电　　话	010 - 62511242（总编室）		010 - 62511398（质管部）		
	010 - 82501766（邮购部）		010 - 62514148（门市部）		
	010 - 62515195（发行公司）		010 - 62515275（盗版举报）		
网　　址	http://www.crup.com.cn				
	http://www.ttrnet.com(人大教研网)				
经　　销	新华书店				
印　　刷	北京东方圣雅印刷有限公司				
规　　格	185 mm×260 mm　16 开本		版　次	2010 年 5 月第 1 版	
印　　张	18.5		印　次	2010 年 5 月第 1 次印刷	
字　　数	444 000		定　价	29.80 元	

前　言

Java 语言是由美国 Sun 公司开发的一种具有面向对象、分布式和可移植等性能并且功能强大的计算机编程语言。同时，Java 语言还是一种跨平台的程序设计语言，可以在各种类型的计算机和操作系统上运行。Java 语言非常适合于企业网络和 Internet 环境，现在已成为 Internet 中最受欢迎、最有影响的编程语言之一。早日掌握 Java 技术，将给每个有志于在 IT 行业发展的有识之士带来更多的机遇。

本书语言叙述通俗易懂，面向实际应用。内容组织采用任务引领教学法，力求体现"以职业活动为导向，以职业技能为核心"的指导思想，突出高职高专的教育特色。本书适用对象是高职高专学生、普通高等院校学生，以及那些想在短时间内掌握 Java 基础并能够灵活运用于实践的学习者。

本书主要特色是根据学生的认知规律，采用了任务引领的内容组织模式。学生学习知识一般都是带着问题学习。例如编写一个 Java 应用程序，同学们就会想到应用程序的功能是什么？它由哪些小的功能模块支撑？开发功能模块分别需要具备哪些知识？如何把这些知识运用到开发项目中？为更好地体现学生的这一学习规律，本书按照企业项目开发的方式介绍教学内容，先提出项目任务，再把项目进行任务分解，分解出的子任务引领知识的组织与学习，这就贴近了学生的学习规律。作为知识的最终落脚点，是知识的学以致用，为此，每个项目结束后都安排了实训项目，这样既可以提高学生的知识运用能力与实践能力，又能激发学生的学习兴趣。最后"网络考试系统的设计与实现"是一个完整的项目，对全书的内容进行综合运用，可使学生熟悉项目开发流程并最终提高项目实战水平。

本书项目一通过一个简单的小程序介绍了 Java 程序的开发环境及 Java 语法基础；项目二通过学生多科目成绩的管理介绍了程序的控制语句及数组使用；项目三通过 ATM 取款管理系统介绍了面向对象程序设计；项目四则引入了异常处理的用法；项目五、项目六介绍了图形界面设计所需的组件用法、事件驱动机制、绘图等方面的知识；项目七介绍了文件操作的用法；项目八通过一个注册界面引入了数据库技术；项目九介绍了国庆倒计时牌设计所需的多线程技术；项目十由网络聊天程序引入了网络通信的知识；项目十一通过一个电子相册的制作，介绍了 Applet 程序的用法；项目十二通过一个 C/S 架构的小型项目成绩管理系统对本教材的内容进行了综合运用。

为方便教学，本书配备了电子教案、课后习题答案、教材所有案例的源程序。这些教学资源可从中国人民大学出版社的网站中下载使用。

本书由张兴科、季昌武主编，其中张兴科编写了本书的项目一、二、五、十二，季昌武、王海利、韩凤文共同编写了项目三、六，王建编写了项目四、七，张佃龙编写了项目八、九，王晓君编写了项目十、十一。

1

由于编者水平所限，加之时间仓促，书中难免存在一些缺点和错误，恳请广大读者批评指正。

本课程建议安排 90 学时，其中理论讲授 44 学时，实践练习 46 学时。建议的学时分配如下。

学时分配表

序号	内　　容	理论学时	实践学时	小计
1	成绩输入与求总分输出——Java 语言概述	2	2	4
2	学生多科目成绩的管理——程序控制语句及数组	6	4	10
3	ATM 取款管理系统——面向对象程序设计	8	6	14
4	录入成绩的异常处理——异常处理	2	2	4
5	图形化学生信息输入功能的实现——组件和事件的处理机制	8	10	18
6	成绩的图形表示——图形用户界面设计	2	2	4
7	输入输出流和文件操作	2	2	4
8	用户注册系统——数据库技术	4	4	8
9	国庆倒计时牌——多线程编程技术	2	2	4
10	网络聊天程序——网络通信	2	4	6
11	电子相册设计——Applet 程序	2	2	4
12	网络考试系统的设计与实现	4	6	10
合计		44	46	90

目　录

项目一 成绩输入与求总分输出
——Java 语言概述

技能目标

能进行数据的运算并能编写输入/输出数据程序。

知识目标

了解 Java 的特点；
掌握标识符的命名规则；
掌握基本数据类型与数据的表示形式；
掌握表达式的用法及优先级关系。

项目任务

本项目完成成绩管理的最基本功能，要求实现从键盘输入几门课的成绩，并输出这几门课的成绩总和。

例如，从键盘输入三门课的成绩为：80、90、85，则输出的成绩总和为 255。

项目解析

完成从键盘输入几门课的成绩，并能输出这几门课的成绩总和，可把项目分为三个步骤，成绩的输入、求出各门课的总成绩并输出。因此我们可把项目分成三个子任务，即成绩输入、成绩计算、总成绩输出。

根据知识的学习规律，我们把三个任务的顺序调换一下，任务一为成绩输出，任务二为成绩计算，任务三为成绩输入，到最后通过项目实训的形式再按输入、计算、输出的形式进行综合运用。

任务一 学生成绩的输出

一、问题情景及实现

有一名学生的计算机网络技术考了 90 分，输出这名同学的该课程成绩。具体实现代码如下：

```
public class OutScore
{
    public static void main(String args[ ])
    {
        System.out.print("计算机网络技术的成绩为90分");
    }
}
```

程序的运行结果为：

计算机网络技术的成绩为 90 分

 知识分析

在开发一个简单程序前，我们首先要选择一种语言，那么我们为什么选择这种语言？这种语言都有哪些特点？语言的运行环境与开发工具是什么？……，带着这些问题，我们来认识一下 Java 的发展历史、语言特点、运行环境与开发工具，并学习一个简单 Java 程序的编程过程。

二、相关知识：Java 简介、特点、虚拟机 JVM、开发工具与运行环境

（一）Java 简介

Java 来自于 1991 年 Sun 公司的一个叫 Green 的项目，其最初的目的是为家用消费电子产品开发一个分布式代码系统，以便把 E-mail 发给电冰箱、电视机等家用电器，并对它们进行控制。开发者通过对 C++ 进行简化，开发了一种解释执行的新程序语言 Oak，这就是 Java 的前身。

1994 年下半年，Internet 的快速发展，促进了 Java 语言研制的进展，Green 项目组成员用 Java 编制了 HotJava 浏览器，触发了 Java 进军 Internet，使得它逐渐成为 Internet 上受欢迎的开发与编程语言。

1995 年，以 James Gosling 为首的编程小组在 wicked.neato.org 网站上发布了 Java 技术，Java 语言的名字从 Oak 变为 Java，Java 技术正式对外发布。

1998 年 12 月，Java 2 和 JDK 1.2 发布，这是 Java 发展史上的重要里程碑。

2004 年，Java 2 Platform 和 Standard Edition 5 发布，利用 Java 技术开发的火星探测器成功登陆火星，Sun Java Studio Creator 发布。

2005 年，大约有 450 万名开发者使用 Java 技术，全球有 25 亿台设备使用了 Java 技术，

用于生态系统中的 Java 技术约合 1 000 亿美元。

到目前，Java 语言日趋成熟，其类库也越来越丰富，同时因为 Java 是跨平台的语言，也得到了许多软件、硬件厂商的支持。

Java 的版本随着 Java 的发展而不断变化，初学者对 Java 的版本和开发环境往往感到迷惑。因此，了解 Java 的版本对于学习 Java 有一定的必要性。

目前 Java 主要有三种版本：

一是用于工作站、PC 的标准版，即 J2SE（Java 2 Standard Edition），这也是本书将主要介绍的版本；

二是企业版，即 J2EE（Java 2 Enterprise Edition），通常用于企业级应用系统的开发；

三是精简版，即 J2ME（Java 2 Micro Edition），通常用于嵌入式系统开发。

在未来，Java 的进一步开源对 Java 的发展将产生重要的影响。首先，开源将使得Java 的未来发展更加美好。Sun 公司在 2007 JavaOne 大会开幕式上宣布，将在 GPL 2 协议的基础上对 JDK（Java Development Kit）进行开源，到目前为止，Sun 公司已完成了对Java 96％的源代码开放。其次，Java 的开源也促进了 Java 社团的蓬勃发展，Java 未来也不仅仅是 Sun 公司自身的事情，Java 社团和自由与开源社区将与 Sun 公司共同决定 Java 技术的未来。相信未来 Java 会结出更多更好的果实，Java 将进入一个崭新的发展阶段！

（二）Java 语言的特点

Java 语言是一种易于编程的语言，它消除了其他语言的许多不足（如在指针运算和内存管理方面影响程序的健壮性）；Java 语言也是一种面向对象的语言，使用现实生活中的常用术语使程序形象化，同时可以简化代码；Java 语言与其他语言不同，是解释执行的；Java 语言支持多线程，具有更高的安全性等特点。下面我们详细说明其特点。

（1）简单易学：Java 的编程风格类似于 C++，基本语法与 C 语言类似；但它摒弃了C++ 中容易引发程序错误的地方，如指针和内存管理；提供了丰富的类库。

（2）面向对象和动态性：Java 语言支持静态和动态风格的代码继承及重用，是完全面向对象的，它不支持类似 C 语言那样面向过程的程序设计技术。Java 的动态特性是其面向对象设计方法的拓展，它允许程序动态地装入运行过程中所需要的类。

（3）解释执行：Java 解释器（运行系统）能直接运行目标代码指令。

（4）多线程：Java 提供的多线程功能使得在一个程序里可同时执行多个小任务。多线程带来的好处是可以有更好的交互性能和实时控制性能。

（5）健壮性和安全性：健壮性是指 Java 致力于检查程序在编译和运行时的错误。安全性是指在 Java 语言里，指针和释放内存等 C++ 功能被删除，避免了非法内存操作；另一方面，当 Java 创建浏览器时，其语言功能与浏览器提供的功能结合起来，使得 Java 更安全。

Java 技术体系通过虚拟机（Java Virtual Machine，JVM）、垃圾回收、Java 运行环境（Java Runtime Environment，JRE）、JVM 工具接口来实现上述特点，这些内容在后续章节将陆续介绍。

（三）Java 虚拟机 JVM

Java 语言与其他程序设计语言不一样，首先需要将"程序"编译成与平台无关的"字节码（Byte-Codes）"，再通过 Java 虚拟机 JVM 来解释执行。所谓 Java 虚拟机 JVM，是一台可以存在于不同的真实软、硬件环境下的虚拟计算机，其功能是将字节码解释为真实平台能执行的指令。Java 正是通过 JVM 技术，实现了与平台无关，"编写一次，到处运行"。因此，任何平台只要安装相应的 Java 虚拟机环境，就能运行 Java 程序。

（四）Java 开发工具和运行环境

前面我们介绍过 Java 的三种版本，对于每一种版本，市面上都有不同的开发环境和相应的开发工具。

对于 J2EE，Borland 公司的 JBuilder 和 BEA 公司的 WebLogic Workshop 以及现在比较流行的 Eclips 可以满足专业人士开发企业级应用系统的需求。读者可以根据需要参考相关资料。

对于 J2ME，Sun 公司的 NetBeans 可以用来开发基于 J2ME 移动设备上的应用程序。

对于 J2SE，Java 提供免费的开发工具和开发环境。为了初学者调试方便，下面介绍一种 J2SE 的开发环境——JCreator 开发软件环境及其使用方法。

1. JDK 下载、安装和配置

（1）下载和安装 JDK。

建立 Java 运行环境，首先要到 Sun 公司的网站 java.sun.com，下载 JDK 开发工具，根据操作系统的不同可以下载不同版本的 JDK。这里以 Windows 平台为例，下载最新的 JDK 软件名为：jdk-6u3-windows-i586-p.exe；安装过程比较简单，只需接受默认安装即可。安装时要注意安装路径，默认为 C:\Program Files\Java\jdk1.6.0_03。JDK 安装完成后，主要包含以下内容：

①开发工具：开发工具位于 bin/子目录中，是指工具和实用程序，可帮助用户开发、执行、调试和保存 Java 程序。常用工具有：

● Javac：Java 编译器，用于将 Java 源代码转换成字节码。

● Java：Java 解释器，直接从 Java 类文件中执行 Java 应用程序的字节码。

● Appletviewer：Applet 播放器，直接用于运行和调试 Applet。

②运行环境：运行环境位于 jre/子目录中，由 JDK 使用的 JRE 实现。JRE 包括 Java 虚拟机 JVM、类库以及支持 Java 程序运行的文件。

③附加库：附加库位于 lib/子目录中，是指开发工具所需的其他类库和支持文件。

（2）配置 JDK 运行环境。

配置 JDK 运行环境主要有两个方面的工作，一是增加命令寻找路径，修改系统变量 Path，增加指向 Java 常用工具安装的路径，如 C:\Program Files\Java\jdk1.6.0_03\bin；二是设置环境变量 ClassPath，指向 Java 安装路径下的库文件所在目录，如 C:\Program Files\Java\jdk1.6.0_03\lib。以下为 Windows XP 系统下的设置步骤：

①在桌面上右键单击"我的电脑"图标，在弹出的菜单中选择"属性"命令，在"系统属性"对话框中，单击"高级"标签，打开"高级"选项卡，在"高级"选项卡中，单击"环境变量"按钮，将显示如图 1—1 所示的对话框。

②在图 1—1 中的系统变量窗口中找到 Path 变量，单击"编辑"按钮，在弹出的对话框中，将 Java 路径下的库文件所在目录（如 C:\Program Files\Java\jdk1.6.0_03\bin），添加到最前面，并用";"与原路径分隔，单击"确定"按钮，完成路径添加，如图 1—2 所示。如果在系统变量中找不到 Path，则单击图 1—1 中的"新建"按钮也会出现图 1—2。

图 1—1 "环境变量"对话框

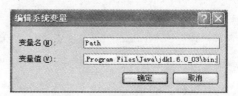

图 1—2 "编辑系统变量"对话框

③在图 1—1 中的系统变量窗口中，单击"新建"按钮，在弹出的对话框中，添加名为：ClassPath 的环境变量，用于给 JVM 寻找类库，其值为 Java 安装路径下的库文件所在目录（如 C:\Program Files\Java\jdk1.6.0_03\lib）。单击"确定"按钮，完成 ClassPath 的环境变量的创建，如图 1—3 所示。

图 1—3 "新建系统变量"对话框

完成上述操作后，JDK 的环境设置便设置好了。接下来，我们将介绍一个小巧好用的集成 Java 编辑和运行环境 JCreator Pro。

2. JCreator 下载、安装与配置

JCreator 是由 Xinox Software 公司开发的软件，它集成了 Java 的编辑、编译和运行等功能。当然，必须先安装 JDK JCreator 才能运行，并且要在 JCreator 第一次启动时配置好 JDK 的路径。

JCreator 的官方下载网站为 www.jcreator.com，可以下载 JCreater Pro 英文专业版进行三个月试用。试用期内一切功能正常，三个月到期后需要进行注册方可继续使用。JCreator Pro 安装过程比较简单，只需接受默认安装即可。在安装完毕画面，选择 Launch JCreator Pro 即可启动 JCreator。JCreator Pro 配置步骤如下：

（1）第一次启动 JCreator Pro 时需要进行一些简单设置，首先是文件关联的设置，如图 1—4所示。

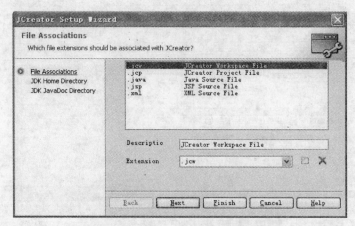

图 1—4　JCreator Pro 关联文件的设置

该设置将扩展名为 .jcw、.jcp、.java、.jsp、.xml 的文件关联到 JCreator Pro，从而使 Windows 用 JCreator Pro 来打开它们。

（2）JCreator 在编译 Java 程序时会用到 JDK 文件，所以必须指定 JDK 的安装路径，JCreator 通常可以自动找到 JDK 的安装目录，但也可以通过 Browse 来寻找。这里为 C:\Program Files\Java\jdk1.6.0_03，如图 1—5 所示。

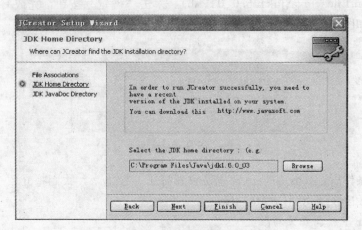

图 1—5　为 JCreator Pro 指定 JDK 路径

（3）设置完成后，JCreator 将启动。进入 JCreator 后，在"Configure"菜单下的"Option"中，可以进行用户设置，这些设置包括字体、空格、保存路径等，读者可以根据自己的喜好进行设置。

3. 编写、编译和运行应用程序

本任务的程序功能为在屏幕上输出"计算机网络技术的成绩为 90 分"，程序的编写步骤如下：

（1）启动 JCreator Pro，在"File"菜单下选择"New"，在出现的对话框中，选择"File Type"文件类型为"Java Class"，如图 1—6 所示。

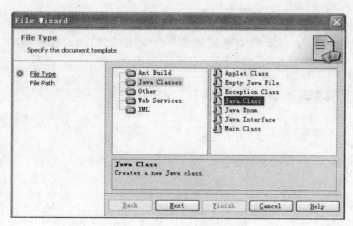

图 1—6 JCreator Pro 创建 Class 文件

（2）单击"Next"按钮，进入文件名和路径设置对话框，这里为第一个 Java 程序命名为 OutScore. java，路径保存在 D:\myclass 下。

（3）单击"Finish"按钮，进入文件编辑窗口，如图 1—7 所示。

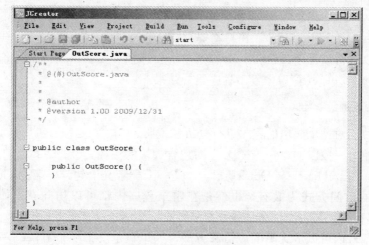

图 1—7 文件编辑窗口

此时，将看到 JCreator 已经为用户输入了部分代码，其中最上边的为注释；下边为一个 OutScore Class 类的声明，它只是一个框架，还不能工作。接下来对该类进行修改，将以下语句：

```
public OutScore ( )
{
}
```

修改为：

```
public static void main(String args[ ])
{
  System. out. println("计算机网络技术的成绩为 90 分");
}
```

7

注意：修改时务必区分英文大小写，并使用英文输入法。

（4）编译和运行程序。编译能够发现程序中的语法错误，在"Build"菜单下，选择"Compile File"，如图 1—8 所示。

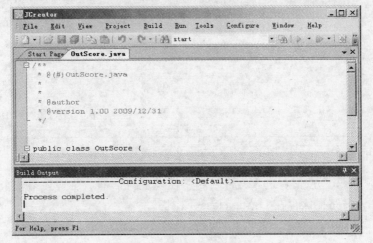

图 1—8　编译 HelloJava 文件

编译通过后，在 Build Output 窗口将提示"Process completed."，编译成功。

接下来可以运行该程序。在"Build"菜单下，选择"Execute File"，将在图 1—8 所示的右下角 General Output 窗口中输出程序运行结果：

计算机网络技术的成绩为 90 分

（5）下面我们对这个简单的程序进行分析和说明。

①程序开始为一段以"/** …… **/"对包含的块的注释。

②程序第一行 public class OutScore{ }，是一个类定义语句，类名为 OutScore。public 关键字指明类的访问方式为共有，也就是在整个程序内都可以访问它。如果将类定义为 public，则类名称必须与主文件名一致，并且大小写敏感。

③类后大括号内可以定义类的成员和方法，这里只定义了一个方法——main( )，该方法通过调用 System. out. println( ) 函数将字符串从标准输出设备输出。一个应用程序的执行总是从 main( ) 方法开始执行的，main( ) 方法的定义形式如下：

public static void main(String args[ ])
{语句组}

④每个命令语句结束，必须以"；"结尾。

三、知识拓展：编写一个 Java 小程序，在屏幕上输出"Hello!"

Java 程序分为两种，一种是 Java 应用程序，如上所写；另一种是 Java Applet（Java 小程序）。Applet 是一种存储于 WWW 服务器的、用 Java 语言编写的程序，它通常由浏览器下载到客户系统中，并通过浏览器运行。接下来我们看一下如何编写一个 Java 小程序。

程序的编写步骤如下：

（1）启动 JCreator Pro，在"File"菜单下选择"New"，在出现的对话框中，选择 "File Type"文件类型为"Applet Class"，如图 1—9 所示。

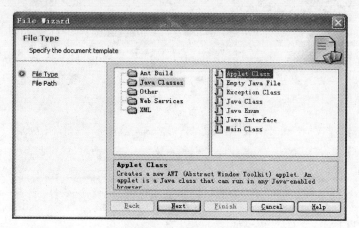

图 1—9 创建 Applet

（2）定义文件名为 Hello.java，代码如下：

```
import java.awt.*;
public class Hello extends java.applet.Applet {
    /** Initialization method that will be called after the applet is loaded
     *   into the browser.
     */
    public void init( ){
        //TODO start asynchronous download of heavy resources
    }
    public void paint(Graphics g) {
        g.drawString("Hello!",30,30);              //增加此行内容
    }
}
```

（3）编译 Hello.java，产生 Hello.class 文件。

（4）创建 HTML 文件 test.html。在"File"菜单下选择"New"，在弹出的对话框中，选择"File Type"为 Other 中的"HTML Applet"，如图 1—10 所示。

（5）将 Hello.class 的引用加入文件 test.html 中，代码如下：

```
〈html〉
    〈head〉
    〈/head〉
    〈body bgcolor = "000000"〉
            〈applet code = "Hello.class" width = "500"height = "300"〉
            〈/applet〉
    〈/body〉
〈/html〉
```

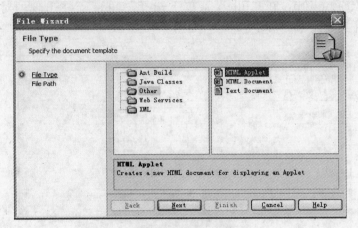

图 1—10　创建 HTML

（6）运行此 HTML 文件，结果如图 1—11 所示。

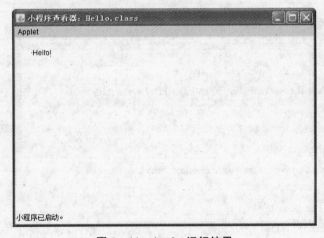

图 1—11　Applet 运行结果

任务二　学生成绩的计算

一、问题情景及实现

有一名学生的计算机网络技术考了 90 分，数据库技术考了 84 分，Java 程序设计考了 92 分，输出这名同学的 3 门课程的总成绩。具体实现代码如下：

```java
public class OutTotalScore
{
    public static void main(String args[ ])
    {
        int network, dataBase, java, total = 0;
        network = 90;
        dataBase = 84;
```

```
        java = 92;
        total = network + dataBase + java;
        System. out. print("该生 3 门课的总成绩为:" + total);
    }
}
```

程序的运行结果为:

该生 3 门课的总成绩为:266

 知识分析

本程序首先定义了 4 个变量,以便存储 3 门课的成绩和总成绩,然后给课程对应的变量赋成绩值,通过计算得到总分值并将该值赋给总成绩变量,最后输出总成绩。这段程序涉及知识有数据类型、标识符、运算符与表达式等。

二、相关知识:标识符与关键字、基本数据类型、字符串、运算符与表达式

编写程序,必须处理数据、存储数据,还需要用一些语句对程序进行必要的控制,因此,我们应掌握编程时遇到的一些基本知识,如标识符、关键字,程序所能处理的数据类型等。

(一) 标识符与关键字

1. 标识符

用来标识类名、变量名、方法名、类型名、数组名、文件名的有效字符序列称为标识符。简单地说,标识符就是一个名字。Java 语言规定标识符由字母、下划线、美元符号和数字组成,并且第一个字符不能是数字。标识符中的字母是区分大小写的,如 Beijing 和 beijing 是不同的标识符。

2. 关键字

关键字是指 Java 语言中已经被赋予特定意义的单词,它们在程序上有着不同的用途,不可以把关键词作为普通标识符来用。Java 中常用的关键字如表 1—1 所示。

表 1—1 Java 关键字表

abstract	boolean	break	byte	case
catch	char	class	continue	default
do	double	else	extends	false
final	finally	float	for	if
implements	import	instanceof	int	interface
long	native	new	null	package
private	protected	public	return	short
static	super	switch	synchronized	this
throw	throws	transient	true	try
void	volatile	while		

（二）基本数据类型

1. 常量

常量是指在程序执行过程中始终保持不变的量，根据数据类型的不同，常量有整型、浮点型、字符型、布尔型等几种。

2. 变量

变量是在程序运行过程中可以变化的量。变量有变量名、变量的值、变量的类型以及变量的作用域 4 个属性。变量的作用域指明可访问该变量的一段代码，声明一个变量的同时也就指明了变量的作用域。按作用域来分，变量可以有两种：局部变量、类变量。

3. 基本数据类型

基本数据类型也称做简单数据类型。Java 语言有 8 种简单数据类型，分别是：

boolean、byte 、short、int、long、float、double、char

这 8 种数据类型习惯上可分为 4 大类型：

布尔类型：boolean

字符类型：char

整数类型：byte、short、int、long

浮点类型：float、double

（1）布尔类型。布尔型数据只有两个值 true 和 false，且它们不对应任何整数值。例如：

boolean b = true;

（2）字符类型。

字符常量：字符常量是用单引号括起来的字符，如 'a'，'A'。

字符型变量：类型为 char，它在机器中占 16 位，其范围为 0～65 535。字符型变量的定义如下：

```
char c = 'a';        //指定变量 c 为 char 型，且赋初值为'a'
char c = '\r'        //转义字符'\r'，表示回车
char c = '\n'        //转义字符'\n'，表示换行
```

（3）整数类型。Java 语言中有 4 种整数类型：位 byte、短整型 short、整型 int、长整型 long，这 4 种整数类型的长度、表示范围见表 1—2。

表 1—2　　　　　　　　　　　　　**整型数据的取值范围**

数据类型	长度（bits）	表示数值范围
byte	8	$-2^7 \sim 2^7-1$
short	16	$-2^{15} \sim 2^{15}-1$
int	32	$-2^{31} \sim 2^{31}-1$
long	64	$-2^{63} \sim 2^{63}-1$

整型常量表示：

十进制整数：如 123，−456，0。

八进制整数：以 0 开头，如 0123 表示十进制数 83，−011 表示十进制数−9。

十六进制整数：以 0x 或 0X 开头，如 0x123 表示十进制数 291，−0X12 表示十进制数−18。

（4）浮点类型。为了提高数据的表示精度，可以采用浮点类型，浮点类型包括两种：单精度（float）和双精度（double）。双精度为默认浮点数类型，单精度的值必须在数字后加 f 或 F（如 1.23f），两者的区别见表 1—3。

表 1—3　　　　　　　　　　　　　　　　浮点数据的取值范围

数据类型	长度（bits）	表示数值范围
float	32	$\pm 1.4E-45 \sim \pm 3.4E38$
double	64	$\pm 4.9E-324 \sim \pm 1.798E308$

实型常量：

十进制数形式：由数字和小数点组成，且必须有小数点，如 0.123，1.23，123.0。

科学计数法形式：如 123e3 或 123E3，其中 e 或 E 之前必须有数字，且 e 或 E 后面的指数必须为整数。

float 型的值，必须在数字后加 f 或 F，如 1.23f。

【例 1—1】简单数据类型的例子。

```
public class Assign {
  public static void main (String args[ ])
  {
    int x,y;                    //定义 x,y 两个整型变量
    float z = 1.234f;           //指定变量 z 为 float 型，且赋初值为 1.234
    double w = 1.234;           //指定变量 w 为 double 型，且赋初值为 1.234
    boolean flag = true;        //指定变量 flag 为 boolean 型，且赋初值为 true
    char c;                     //定义字符型变量 c
    c = 'A';                    //给字符型变量 c 赋值'A'
    x = 12;                     //给整型变量 x 赋值为 12
    y = 300;                    //给整型变量 y 赋值为 300
  }
}
```

4. 数据的类型转换

这里主要介绍简单数据类型中各类型数据间的优先关系和相互转换。

（1）不同类型数据间的优先关系如下：

低 ————————————————————→ 高

byte、short、char→int→long→float→double

（2）自动类型转换规则。整型、实型、字符型数据可以混合运算。运算中，不同类型的数据先转化为同一类型，然后进行运算，转换从低级到高级。转换关系见表 1—4。

表 1—4　　　　　　　　　　　不同类型数据运算时的转换关系

操作数 1 类型	操作数 2 类型	转换后的类型
byte、short、char	int	int
byte、short、char、int	long	long
byte、short、char、int、long	float	float
byte、short、char、int、long、float	double	double

（3）强制类型转换。高优先级数据要转换成低优先级数据，需用到强制类型转换，例如：

```
int i;
byte b = (byte)i;                    //把 int 型变量 i 强制转换为 byte 型
```

（三）字符串

字符串是用双撇号括起的若干个字符，如"abc"、"100001"、"hello!"等。

Java 语言提供了一个处理字符串的类 String，在定义字符串变量时可以像基本类型一样定义字符串变量。下面给出了如何使用字符串的例子：

```
String str = "abc";
str = str + "efg";        //字符串相加，实现字符串连接的功能，语句执行完后 str 的值为"abcefg"
```

其中，String 是类，类中定义了方法可以完成某些特定的功能。

String 类提供的部分构造方法如下：

（1）String（）：初始化一个新创建的 String 对象，它表示一个空字符序列。

（2）String(byte[] bytes)：用字节数组的内容生成一个字符串。

（3）String(char[] value, int offset, int count)：生成一个新的 String，包含来自该字符数组参数的一个子数组的字符。

String 类提供的部分成员方法如下：

（1）int compareTo(String anotherString)：按字典顺序比较两个字符串。

（2）boolean startsWith(String prefix)：测试此字符串是否以指定的前缀开始。

（3）char charAt (int index)：返回指定索引处的 char 值。索引范围为 0～length（ ）－1。序列的第一个 char 值在索引 0 处，第二个在索引 1 处，依此类推。

（4）int indexOf(String str)：返回第一次出现的指定子字符串在此字符串中的索引。

（5）boolean equals(String another)：将两个字符串进行比较，判断它们是否相同。

（6）int length（ ）：返回字符串的长度。

（7）String toLowerCase（ ）：使用默认语言环境的规则将字符串中的所有字符都转换为小写。

（8）String toUpperCase（ ）：使用默认语言环境的规则将字符串中的所有字符都转换为大写。

（9）String substring(int beginIndex, int endIndex)：返回一个新字符串，它是此字符串的一个子字符串。该子字符串从指定的 beginIndex 处开始，一直到索引 endIndex－1 处结束。

（10）String trim（ ）：返回字符串的副本，忽略前导空白和尾部空白。

【例 1—2】字符串处理的用法。

```
public class String_1
{
    public static void main(String args[ ])
    {
        String stra = "HELLO JAVA!";
        System. out. println(stra);
```

```
System.out.println("length of stra is:" + stra.length( ));
System.out.println("Lower of stra is:" + stra.toLowerCase( ));
    }
}
```

程序的运行结果如下：

HELLO JAVA!

length of stra is 11

Lower of stra is hello java!

（四）运算符与表达式

在对数据进行处理时，经常要进行数据的运算，因此这里我们来学习运算符和表达式的一些知识。

1. 运算符

运算符包括算术运算符、关系运算符、逻辑运算符、位运算符、条件运算符等。

（1）算术运算符。

算术运算符有以下几点注意事项：

①数值类型的标准算术运算符包括：$+,-,*,/,\%,++,--$。

②整数除法的结果是整数，如 $5/2=2$ 而不是 2.5。

③运算符 $\%$ 完成取余运算，如 $5\%2=1$、$14\%6=2$。

④前置增量/减量运算符：变量先加 1 或减 1，再参与表达式中的运算。

⑤后置增量/减量运算符：变量先参与表达式的运算，再加 1 或减 1。

例如：

```
x = 1;
y = 1 + x++;              //运算后 y = 2, x = 2
y = 1 + ++x;              //运算后 y = 3, x = 2
```

（2）关系运算符。

关系运算符包括：$<$，$<=$，$>$，$>=$，$==$，$!=$。关系运算的结果为布尔型数据，如表 1—5 所示。

表 1—5 关系运算符的使用

运算符	名　称	举　例	结　果
$<$	小于	$1<2$	true
$<=$	小于等于	$1<=2$	true
$>$	大于	$1>2$	false
$>=$	大于等于	$1>=2$	false
$==$	等于	$1==2$	false
$!=$	不等于	$1!=2$	true

（3）逻辑运算符。

逻辑运算符常用的有：$!$，$\&\&$；$||$，$\wedge$。运算关系见表 1—6。

表 1—6   逻辑运算符的名称及描述

运算符	名称	描述
！	非	逻辑否定，取反
&&	与	逻辑与，并且关系
||	或	逻辑或，或者关系
^	异或	逻辑异或，非同关系

另外，逻辑运算符还有：&（逻辑与）和 ｜（逻辑或）。

运算符 & 和 ｜的两个运算对象都要计算。& 又称为无条件与运算符，｜称为无条件或运算符。使用运算符 & 和 ｜可以保证无论左边的操作数是 true 还是 false，总要计算右边的操作数。

使用运算符 && 时，若左边的操作数为 false，则不计算右边的操作数；使用运算符 ｜｜时，若左边的操作数为 true，则不计算右边的操作数。

（4）位运算符。

位运算符有：>>（按位右移），<<（按位左移），>>>（无符号右移），&（按位与），｜（按位或），^（按位异或），~（按位取反）。

【例 1—3】a＝10011101；b＝00111001，则有如下结果：

a<<3＝11101000； a>>3＝11110011； a>>>3＝00010011； a&b＝00011001；

a｜b＝10111101； ~a＝01100010； a^b＝10100100；

（5）赋值运算符。

赋值运算符为：＝；扩展赋值运算符有：＋＝，－＝，＊＝，／＝。例如：

```
i = 3;
i+ = 3;                                      //等效于 i = i + 3
```

（6）条件运算符。

条件运算符为："?:"，其作用是条件判断，相当于 if-else 语句。条件运算符为三元运算符。其一般形式为：

<布尔表达式>?<表达式 1>:<表达式 2>

其中，〈布尔表达式〉为条件表达式。若为真值，则取表达式 1 作为运算结果值，否则取表达式 2 为运算结果值。例如：

```
sum = 0;
result = (sum = = 0?1 + 2:5/3);              //result 值为 3
```

再如：

```
sum = 10;
result = (sum = = 0?1 + 2:5/3);              //result 值为 1
```

（7）运算符的优先级。

前面介绍了基本的运算符，这些运算符是有优先级的，运算也是有结合方向的，表 1—7 列出了它们的结合方向和优先级。在表 1—7 中，L to R 表示从左向右，R to L 表示从右向左。

表 1—7　　　　　　　　　　　　　　　运算符的优先级

运　算　符	结合方向	优　先　级
.　［］　（）	L to R	高
++　−−　+　−　~　!（<data_type>）	R to L	
new	L to R	
*　/　%	L to R	
+　−	L to R	
<<　>>　>>>	L to R	
<>　<=　>=	L to R	
==　!=	L to R	
&	L to R	
^	L to R	
|	L to R	
&&	L to R	低
||	L to R	
〈布尔表达式〉?〈表达式 1〉:〈表达式 2〉	R to L	
=　*=　/=　%=　+=　−=	R to L	

2. 表达式

表达式是由一系列的常量、变量、方法、运算符组合而成的语句，它执行这些元素指定的计算并返回结果。在对一个表达式进行计算时，要按照运算符的优先级别从高到低，同一级别的运算按结合方向进行。为了使表达式结构清晰，建议适当使用"（ ）"。当两个操作数类型不一致时要注意类型转换问题。

【例 1—4】表达式综合举例。

```
public class Math2
{
    public static void main(String args[ ])
    {
    int a = 127,b = 9;
    double   c = Math. random( ) * 10;             //产生一个 10 以内的随机数并赋给 c
    System. out. println("a = " + a + ",b = " + b + ",c = " + c);
    a += b;                                        //计算 a + b 并赋给 a
    System. out. println("a + = b:" + a);          //输出 a + b，即此时的 a
    a %= b;                                        //计算 a % b 并赋给 a
    System. out. println("a % = b:" + a);          //输出(a + b) % b，即此时的 a
    c += ++a;            //计算 c + (a + 1)并赋给 c，注意其中类型转换问题，此时 a 也自增 1
    System. out. println("a = " + a + ",c = " + c);
    System. out. println("c 的平方根:" + Math. sqrt(c));//输出计算后 c 的平方根
    }
}
```

程序的运行结果如下：

a = 127,b = 9,c = 5. 961024936886943

17

a += b:136

a %= b:1

a = 2,c = 7. 961024936886943

c 的平方根:2. 8215288297104006

注意： 结果根据 c 类型的不同而不同。

任务三　输入学生各门课的成绩

一、问题情景及实现

有一名学生分别考了计算机网络技术、数据库技术、Java 程序设计，编写程序完成从键盘输入这名学生的 3 门课成绩，计算并输出这名同学的 3 门课程的总成绩。具体实现代码如下：

```java
import java. util. * ;
public class InputOutScore
{
    public static void main(String args[ ])
    {
        System. out. println("输入 3 门课的成绩:");
        Scanner rd = new Scanner(System. in);
        int network,dataBase, java, total = 0;
        network = rd. nextInt( );
        dataBase = rd. nextInt( );
        java = rd. nextInt( );
        total = network + dataBase + java;
        System. out. print("该生 3 门课的总成绩为:" + total);
    }
}
```

程序的运行结果为：

输入 3 门课的成绩:

93 87 96

该生 3 门课的总成绩为:276

 知识分析

本程序首先定义了 4 个变量，以便将来存储 3 门课的成绩及总成绩，然后通过键盘输入 3 个整型数分配给课程对应的变量，通过计算得到总分值并赋给记录总成绩的变量，最后输出总成绩。这段程序所涉及的新知识主要是数据的输入/输出。

二、相关知识：数据的输入/输出

下面我们通过以下两种方式完成数据的输入/输出。

（一）通过控制台输入/输出数据

Scanner 是 SDK1.5 新增的一个类，该类在 java.util 包中，可以使用该类创建一个对象。

```
Scanner reader = new Scanner(System.in);
```

以上语句可生成一个 Scanner 类对象 reader，然后借助 reader 对象调用 Scanner 类中的方法可输入各种类型数据。输入数据的方法如下：

（1）方法 nextInt( )：输入一个整型数据。

（2）方法 nextFloat( )：输入一个单精度浮点数。

（3）方法 nextLine( )：输入一个字符串。

【例 1—5】输入两个整数，求两个数的和并输出。

```
import java.util.*;
public class Input_1
{
    public static void main(String[ ]args)
    {
    int x,y;
    System.out.print("请输入两个整数:");
    Scanner reader = new Scanner(System.in);
    x = reader.nextInt( );
    y = reader.nextInt( );
    System.out.print("和为:" + (x + y));
    }
}
```

（二）通过对话框方式实现输入/输出

Java 通过 javax.swing.JOptionPane 类可以方便地实现向用户发出输入/输出消息。JOptionPane 类提供的主要输入/输出方法如下：

（1）方法 showConfirmDialog( )：用于询问一个确认问题，如 yes/no/cancel。

（2）方法 showInputDialog( )：用于提示要求某些输入。

（3）方法 showMessageDialog( )：告知用户某事已发生。

（4）方法 showOptionDialog( )：上述 3 项的统一。

上述方法的参数，可以查阅 API 文档；对话框方式是一种图形界面的编程，更多的图形界面输入/输出设计将在本书图形用户界面设计中详细介绍。

【例 1—6】通过对话框方式输入两个整数，求两个数的和并以对话框的形式输出。

```
import javax.swing.*;
public class Input
{
    public static void main(String args[ ])throws java.io.IOException
    {
    int x = 0,y = 0,total = 0;
```

```
x = Integer. parseInt(JOptionPane. showInputDialog("input an integer !"));
y = Integer. parseInt(JOptionPane. showInputDialog("input an integer !"));
total = x + y;
JOptionPane. showMessageDialog(null,"输入的两数和为:" + total);
    }
}
```

程序运行结果如图 1—12 所示。

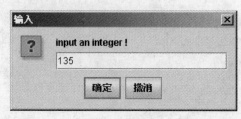
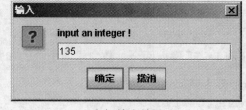

(a) 输入数据　　　　　　　　　　　　　　(b) 输出结果

图 1—12　程序运行结果

综合实训一　求某门课的最高分

【实训目的】

通过本实训项目使学生能较好地熟悉 Java 程序的运行环境,并按基本规范书写程序,使学生具备基本的分析问题、解决问题的能力。

【实训情景设置】

学生每次考试成绩公布后,难免同学们之间会互相打听一下某门课谁考得最好,即谁考的分数最高。我们不妨编写一个程序,把这门课的所有学生成绩输入后,由程序计算出最高分。为使程序代码不冗长且能正确表示出问题的解决思路,我们输入 3 个学生的成绩为代表。

【项目参考代码】

```
import java. util. * ;
public class Exprice
{
    public static void main(String[ ]args)
    {
    int max, y;
    Scanner reader = new Scanner(System. in);
    System. out. print("请输入第一个学生成绩:");
    max = reader. nextInt( );
    System. out. print("请输入第二个学生成绩:");
    y = reader. nextInt( );
    max = max>y?max:y;
    System. out. print("请输入第三个学生成绩:");
    y = reader. nextInt( );
```

```
        max = max>y?max:y;
        System.out.print("最高成绩为:" + max);
    }
}
```

【程序模拟运行结果】

请输入第一个学生成绩:79

请输入第二个学生成绩:86

请输入第三个学生成绩:83

最高成绩为:86

拓展动手练习一

1. 练习目的

(1) 掌握设置 Java 运行环境的方法。

(2) 掌握编写与运行 Java 程序的方法。

2. 练习内容

(1) 安装并设置 Java SDK 软件包。

(2) 编写一个简单的 Java 程序，在屏幕上输出"这是我的第一个 Java 程序"。

(3) 输入 3 个数，按从小到大排列输出。

习 题 一

一、选择题

1. 下面哪个单词是 Java 语言的关键字？（   ）

    A. Double   B. this   C. string   D. bool

2. 下面属于 Java 关键字的是（   ）。

    A. NULL   B. IF   C. do   D. goto

3. 下面哪个是 Java 语言中正确的标识符？（   ）

    A. byte   B. new   C. next   D. rest−1

4. 下面哪个是 Java 语言中正确的标识符？（   ）

    A. 5x   B. $ x   C. abc@   D. . com

5. 在 Java 语言中，下列标识符错误的是（   ）。

    A. _ abc   B. abc   C. ABC   D. 5abc

6. 在 Java 中，整型常量不可以是（   ）。

    A. double   B. long   C. int   D. byte

7. 在 Java 中，不属于整数常量的是（   ）。

    A. 100   B. 100L   C. 0x100A   D. 6. 0f

8. 下面哪个语句能定义一个字符变量 chr？（   ）

    A. char chr='abcd';   B. char chr=' \uabcd';

    C. char chr="abcd";   D. char chr= \uabcd;

9. 下面哪个是对字符串 s1 的不正确定义？（　　　）

　　A. String s1＝"abcd";

　　B. String s1;

　　C. String s1＝'abcd \0';

　　D. String s1＝" \abcd";

10. 下面哪条语句不能定义一个 float 型变量 f1？（　　　）

　　A. float f1＝ 3. 1415E10

　　B. float f1＝3. 14f

　　C. float f1＝3. 1415F

　　D. f1＝3. 14F

11. 下列运算结果为 float 的是 （　　　）

　　A. 100/10　　　　B. 100 * 10　　　　C. 100. 0＋10　　　　D. 100－10

12. 下面哪个运算后结果为 32？（　　　）

　　A. 2＾5　　　　　　　　　　　　　　B. （8 >>2） <<4

　　C. 2 >>5　　　　　　　　　　　　　 D. （2 <<1）* （32 >>3）

13. 语句 byte b＝011;System. out. println(b);的输出结果为 （　　　）。

　　A. B　　　　　　　B. 11　　　　　　　C. 9　　　　　　　D. 011

二、计算题

1. 设 x、y、z 的值分别为 true、true 和 false，试计算下列逻辑表达式的值。

　　(1) x&&y||! z&&true

　　(2) ! x||! y&&! z

　　(3) (! x&&! y)||(! y&&! z)

　　(4) x&&y||true&&! z

2. 求下面表达式的值。

　　(1) 已知 x＝20、y＝60、z＝50.0，求 x＋(int)y/2 * z%10 的值。

　　(2) 已知 x＝256，求 x/100＋ x%100/10＋ x%10 的值。

　　(3) 已知 x＝100、y＝3. 14、z＝55，求 (byte)x＋(int)y＋(float)z 的值。

　　(4) 设 int x＝100,y＝50，执行语句 x%＝x++/--y 后求 x 的值。

　　(5) 设 int a＝70,b＝60,c＝50，求 (a＋ b)＞(c * c)&&b＝＝c||c＞b 的值。

三、编程题

试编写一个程序，输入 4 个数据，输出其中的最大数。

项目二　学生多科目成绩的管理
——程序控制语句及数组

技能目标

能采用合适的数据存储形式并灵活运用控制语句编写程序。

知识目标

掌握分支程序设计；
掌握循环程序设计；
理解数组的定义和数据的存储形式并掌握数组的应用。

项目任务

本项目完成输入多名学生的多门课程成绩，统计各门课均在 90 分以上的人数，计算出每名学生的总成绩并按学生的总成绩进行降序排序。

如从键盘分别输入以下 4 名学生的 3 门课成绩：

80 86 82
91 76 89
90 98 92
91 88 74

则输出结果为：

90 98 92 280
91 76 89 256
91 88 74 253
80 86 82 248

各门课均为 90 分以上的有 1 人

项目解析

要完成输入多名学生的多门课程成绩，统计各门课均在 90 分以上的人数，计算出每名学生的总成绩并按总成绩进行降序排序。我们可把项目分成两个子任务，一个子任务是学生成绩的统计，另一个子任务是学生成绩的排序。

任务一　学生成绩的统计

一、问题情景及实现

在成绩管理系统中，有多名同学的计算机网络技术、Java 程序设计、数据库技术课程成绩需要从键盘输入，一名同学的全部课程成绩输入后才能输入下一名同学，所有同学的成绩都输入完成后自动统计 3 门课程成绩均在 90 分以上的人数。具体实现代码如下：

```java
import java.util.*;
public class Count
{
  public static void main(String args[ ])
  {
    int count = 0;
    int x, y, z;
    int N = 3;
    Scanner reader = new Scanner(System.in);        //创建键盘输入对象
    for(int i = 1; i <= N; i++)
    {
      System.out.print("请输入第" + i + "名同学的 3 门课成绩:");
      x = reader.nextInt( );                        //从键盘读取一个整型数赋值变量
      y = reader.nextInt( );
      z = reader.nextInt( );
      if(x >= 90&&y >= 90&&z >= 90)                 //若 3 门课成绩均大于 90，则计数变量加 1
        count ++;
    }
    System.out.print("3 门课成绩均在 90 分以上的人数有" + count + "人");
  }
}
```

程序的运行结果为：

请输入第 1 名同学的 3 门课成绩：87 96 89
请输入第 2 名同学的 3 门课成绩：92 95 90
请输入第 3 名同学的 3 门课成绩：87 98 91
3 门课成绩均在 90 分以上的人数有 1 人

知识分析

要统计各门课成绩均在 90 分以上的人数，解题思路是输入 3 门课成绩，判断这 3 门课成绩是否均在 90 分以上，如果均在 90 分以上则统计中就用到了分支结构。由于每名学生都要输入 3 门课成绩并统计，因此输入数据并判断成绩是否符合统计条件，这是重复执行的语句组，就用到了循环结构。

二、相关知识：分支结构、循环语句、跳转语句

（一）分支结构

Java 分支语句有两重分支和多重分支。两重分支即 if-else 语句，多重分支即 switch 语句。

1. if-else 语句

if-else 语句的基本语法：

```
if(〈布尔表达式〉){
〈语句块1〉
}
[ else {
〈语句块2〉
}]
```

说明：

（1）else 子句根据需要可以没有，如果有，则必须与 if 配对使用。

（2）if-else 语句可以嵌套，即 else 子句中可以嵌套另一个 if-else 语句。

（3）如果布尔表达式为 true，则执行〈语句块1〉；否则执行〈语句块2〉。

（4）if-else 语句的基本流程如图 2—1 所示。

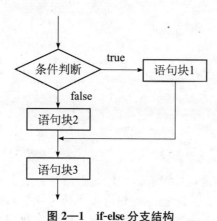

图 2—1　if-else 分支结构

【例 2—1】求圆的面积。

```
import java.util. * ;
class If ElseDemo
{
    public static void main(String args[ ]) throws Exception
    {
        double radius,area;
        System.out.println("请输入半径:");
        Scanner reader = new Scanner(System.in);
```

```
        radius = reader.nextFloat( );
        if (radius >= 0)
        {
          area = radius * radius * Math.PI;
          System.out.println("半径是" + radius + "的圆面积是:" + area);
        }
        else
        {
          System.out.println("不能输入负数!");
        }
      }
    }
```

程序运行时，若从键盘输入 5，则输出的结果为：

半径是 5.0 的圆面积是：78.53981633974483

2. switch 语句

switch 语句的基本语法：

```
switch (〈表达式〉){
    case〈常数 1〉：
              〈语句块 1〉
    [break;]
    case〈常数 2〉：
              〈语句块 2〉
    [break;]
    ……
    default:
              〈语句块 n〉
    [break;]
}
```

说明：

（1）default 子句根据需要可以没有，使用时必须与 switch 配对使用。

（2）switch 语句可以嵌套，即 case 子句可以嵌套另一个 switch 语句。

（3）switch 语句执行时先计算〈表达式〉值，再根据此值来匹配各 case 后的常数。如果匹配则执行此 case 后的语句或语句块；如果该值与所有 case 后的常数都不匹配，则执行 default 后的语句或语句块。

（4）〈表达式〉的类型必须与 int 类型相容，即 byte、short、char 皆可；〈表达式〉的类型必须与各 case 后的常数类型一致。

（5）程序执行过程中，一旦遇到某个 case 后的 break 语句将结束整个 switch 语句。break 语句可以省略，但程序将执行下一个 case 语句段，这样会出现意外，除非需要这样做，否则不能省略 break 语句。

（6）可以使用 return 语句代替 break 语句，若 switch 语句在循环中，则 continue 语句会使执行跳出 switch 结构（return 语句、continue 语句将在后面介绍）。

switch 语句的基本流程如图 2—2 所示。

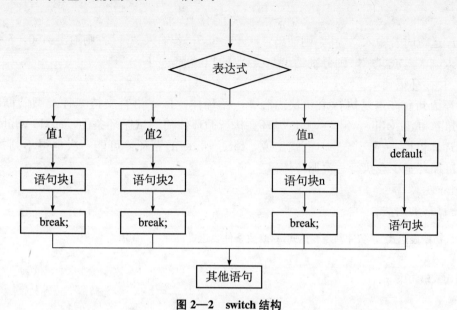

图 2—2　switch 结构

【例 2—2】输入运算符，把两个数值按指定的运算符计算后输出结果。

```java
public class SwitchDemo
{
    public static void main(String args[ ]) throws Exception
    {
        int a = 50, b = 5;
        char c;
        System. out. println("请输入运算符:");
        c = (char)System. in. read( );              //按字节读入数据
        switch ( c )
        {
            case'+':
                System. out. println(a + " + " + b + " = " + (a + b));
                break;
            case' - ':
                System. out. println(a + " - " + b + " = " + (a - b));
                break;
            case' * ':
                System. out. println(a + " * " + b + " = " + (a * b));
                break;
            case'/':
                System. out. println(a + "/" + b + " = " + (a/b));
                break;
            default:
                System. out. println("Unknown expression!");
        }
```

```
    }
  }
```

程序运行时若输入 "＋"，则输出：50＋5＝55；若输入 "－"，则输出：50－5＝45；也可以输入 "＊" 或 "/"，则分别输出 50 与 5 的积或商。

（二）循环语句

循环语句允许重复执行语句块内容——循环体，Java 语言支持 3 种类型的循环结构：for、while 和 do-while。for、while 循环在执行循环体前测试循环条件，而 do-while 循环先执行循环体再检查循环条件，也就是说，for、while 的循环体可能一次也得不到执行，而 do-while 循环至少会执行一次循环体。

1. for 循环

for 循环的语法：

```
for(〈初始表达式〉;〈条件判断表达式〉;〈修改条件表达式〉)
{
〈语句或语句块〉;
}
```

说明：

（1）〈初始表达式〉用于设置循环控制变量的初值，该变量的作用范围为该 for 循环体内，可以设置多个循环控制变量，各循环控制变量间用 "," 分隔，它只在 for 循环开始时被执行。

（2）〈条件判断表达式〉为布尔表达式，如果为 "true" 则执行循环体一次，否则终止执行 for 循环。它是在循环体执行之前被执行的。

（3）〈修改条件表达式〉用于修改循环控制变量的值，以使之符合循环次数的要求而能够正常结束循环。它是在循环体执行之后被执行的。

（4）for 循环可以嵌套，即循环体内可以嵌套一个 for 循环。

for 循环的基本流程如图 2—3 所示。

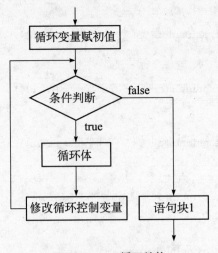

图 2—3　for 循环结构

【例 2—3】输入 N 个学生的成绩，求出成绩的平均分。

```java
import java.util.*;
public class Count
{
  public static void main(String args[ ])
  {
    int total = 0;
    int x;
    int N = 3;
    Scanner reader = new Scanner(System.in);
    for(int i = 1;i<= N;i++)
    {
      x = reader.nextInt( );
        total = total + x;
    }
    System.out.print("该课程的平均分为:" + (float)total/N);
  }
}
```

程序运行后，输出结果为：

```
89 98 92
该课程的平均分为：93.0
```

【例 2—4】用 for 循环打印 1~100 之间的素数。

```java
public class PrimNumber
{
public static void main(String args[ ])
  {
  int sum = 0,i,j;
    for( i = 1;i<= 100;i++)
      {for(j = 2;j<= i/2;j++)
        {if(i%j == 0)
          break;}
        if(j>i/2) System.out.println("素数:" + i);}
  }
}
```

程序的运行结果如下：

```
素数：1
素数：2
素数：3
素数：5
⋮
```

2. while 循环

while 循环的语法：

```
〈初始表达式〉
while（〈条件判断表达式〉）
{
〈语句或语句块〉；
〈修改条件表达式〉；
}
```

说明：

（1）〈初始表达式〉用于设置循环控制变量的初值，它在 while 循环开始前被执行，可以省略，直接在条件判断表达式中设置。

（2）〈条件判断表达式〉为布尔表达式，如果为"true"则执行循环体一次，否则终止执行 while 循环。它是在循环体执行之前被执行的。

（3）〈修改条件表达式〉用于修改循环控制变量的值，以使之符合循环次数的要求而能够正常结束循环。它是在循环体执行过程中被执行的。

（4）while 循环可以嵌套，即循环体内可以嵌套一个 while 循环。

【例 2—5】用 while 循环打印"九九"乘法表。

```java
public class MutiTable
{
  public static void main(String args[ ])
    {
        int i = 1;
        while(i< = 9)
        { int j = 1;
          while    (j< = i)
            { System. out. print(i+" * "+j+" = "+i * j+",");
              j++ ;}
        System. out. println( );
        i++ ;}
    }
}
```

程序的运行结果如下：

```
1 * 1 = 1,
2 * 1 = 2,2 * 2 = 4,
3 * 1 = 3,3 * 2 = 6,3 * 3 = 9,
4 * 1 = 4,4 * 2 = 8,4 * 3 = 12,4 * 4 = 16,
5 * 1 = 5,5 * 2 = 10,5 * 3 = 15,5 * 4 = 20,5 * 5 = 25,
6 * 1 = 6,6 * 2 = 12,6 * 3 = 18,6 * 4 = 24,6 * 5 = 30,6 * 6 = 36,
7 * 1 = 7,7 * 2 = 14,7 * 3 = 21,7 * 4 = 28,7 * 5 = 35,7 * 6 = 42,7 * 7 = 49,
```

$8*1=8, 8*2=16, 8*3=24, 8*4=32, 8*5=40, 8*6=48, 8*7=56, 8*8=64,$
$9*1=9, 9*2=18, 9*3=27, 9*4=36, 9*5=45, 9*6=54, 9*7=63, 9*8=72, 9*9=81,$

3. do-while 循环

do-while 循环的语法：

〈初始表达式〉；
do
{
　〈语句或语句块〉；
　〈修改条件表达式〉；
}
while(〈条件判断表达式〉)；

说明：

（1）〈初始表达式〉用于设置循环控制变量的初值，它在 do-while 循环开始前被执行。

（2）do-while 循环一开始就会执行循环体一次。

（3）〈修改条件表达式〉用于修改循环控制变量的值，以使之符合循环次数的要求而能够正常结束循环。它是在循环体执行过程中被执行的。

（4）〈条件判断表达式〉为布尔表达式，如果为 "false" 则终止执行 while 循环。它是在循环体执行一次后被执行的。

（5）do-while 循环可以嵌套，即循环体内可以嵌套一个 do-while 循环。

【例 2—6】求 e 的近似值，e＝1＋1/1＋1/2!＋1/3!＋…。

```
public class Example
{
  public static void main (String args[ ])
    {
        double sum = 0, item = 1;
        int i = 1;
        do
        {sum = sum + item;
         i + + ;
         item = item * (1.0/i);}
        while(i< = 1000);
        sum = sum + 1;
        System. out. println("e = " + sum);
    }
}
```

程序的运行结果如下：

e = 2. 7182818284590455

（三）跳转语句

流程控制语句还有一类跳转语句，Java 语言提供了 4 种跳转语句。

1. break 语句

break 语句用于从 switch 语句、循环语句和标记块中提前退出，如前面 switch 语句中的 break 语句。在程序调试过程中，break 语句可以用来设置断点。

break 语句后可以带标签也可以不带标签。

2. continue 语句

continue 语句用于跳过并跳到循环体最后，然后将控制返回到循环控制语句处。

continue 语句后可以带标签也可以不带标签。

3. 标记块语句

标记块语句格式为：

⟨label⟩:⟨语句⟩

其中，label 为标签名，break 语句和 continue 语句可以引用此标签名。

4. return 语句

return 语句严格来说不是跳转语句，它是方法的返回语句，能使程序控制返回到调用它的方法处。

【例 2—7】分两行输出 1～10 共 10 个数，每行 5 个。

```
class ContinueDemo {
    public static void main( String args[ ] )
    {
        for ( int count = 1; count< = 10; count ++ )
        {
            if ( count == 5 )
            { System. out. println(" " + count);
              continue; }
            System. out. print(" " + count);
        }
    }
}
```

程序运行结果为：

```
1 2 3 4 5
6 7 8 9 10
```

任务二　学生成绩的排序

一、问题情景及实现

在成绩管理系统中，有多名同学的计算机网络技术、Java 程序设计、数据库技术课程成绩需要从键盘输入，当输入完多名同学的各科成绩后，把每位同学的成绩算出总分并按降序排序。具体实现代码如下：

```
import java.util.*;
public class Sort
{
  public static void main(String args[ ])
  {
    int total;
    int N = 3;
    int score[ ][ ] = new int[N][4];
    int t[ ] = new int[4];
    Scanner reader = new Scanner(System.in);
    for(int i = 0;i<N;i++)
    {   total = 0;
        System.out.println("请输入第" + (i + 1) + "个学生的 3 门成绩:");
        for(int j = 0;j<3;j++)
         {  score[i][j] = reader.nextInt( );
            total = total + score[i][j];}
        score[i][3] = total;
    }
    for(int i = 1;i<N;i++)                    //用直接插入法按总成绩排序
        for(int j = i-1;j>= 0;j--)
        {
            if(score[i][3]>score[j][3])       //控制行数据的交换
            {
                t = score[i];
                score[i] = score[j];
                score[j] = t;
            }
        }
    System.out.println("按总分排序后的成绩:");
    for(int i = 0;i<N;i++)
    System.out.println(score[i][0] + " " + score[i][1] + " " + score[i][2] + " " + score[i][3]);
  }
}
```

程序的运行结果为:

请输入第 1 个学生的 3 门成绩:

78 89 85

请输入第 2 个学生的 3 门成绩:

92 89 83

请输入第 3 个学生的 3 门成绩:

78 83 91
按总分排序后的成绩：
92 89 83 264
78 89 85 252
78 83 91 252

 知识分析

要把多个学生的总成绩排序，如果存储单个学生的几门课成绩，那么对该项目来说定义变量的数目将会增加，不利于程序员编写和阅读程序，因此引入数组，专门解决存储大量成绩数据的问题。

二、相关知识：一维数组、二维数组

数组是相同类型的数据按顺序组成的一种复合数据类型，通过数组名加数组下标来使用数组中的数据，下标从 0 开始编号。

（一）一维数组

1. 一维数组的声明

一维数组的声明有下面两种方式：

数据类型 数组名［ ］；　　　　　//方式一，如：int a［ ］; float b［ ］;
数据类型［ ］数组名；　　　　　//方式二，如：int［ ］age; String［ ］name;

数组元素的类型可以是 Java 的任何一种类型。例如，已经定义了一个 People 类型，那么可以声明一个数组：

People student［ ］;　　　　　//数组 student 中的元素是 People 类型的数据

2. 创建数组

声明数组仅是给出了数组名字和元素的数据类型，要想真正使用数组还必须为它分配内存空间，即创建数组。在为数组分配内存空间时必须指明数组的长度：为数组分配内存空间的格式如下：

数组名［ ］= new 数据类型［元素个数］;

例如：

int score［ ］= new int[30];　　　　　//score 中每个元素的默认值为 0
String StudentName［ ］= new String[50];　　　//StudentName 中每个元素的默认值为 null

3. 一维数组的初始化

数组初始化定义数组的同时也为各元素赋初值。初始化工作很重要，不能使用任何未初始化的数组。例如：

int a［ ］= {3,5,7,9,11};

数组 a 的存储结构如图 2—4 所示。

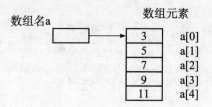

图 2—4　数组 a 的存储结构

4. 数组元素的引用

数组的引用即为引用数组中的元素，通过指定下标来引用一维数组。Java 数组的下标从 0 开始，引用时不能越界。数组元素的个数作为数组对象的一部分被存储在 length 属性中，数组元素的个数一旦确定，就不能修改。一维数组的引用格式如下：

数组名[下标];

例如：

```
StudentName[1];
StudentName[i];                    //i 为整型变量
```

【例 2—8】用一维数组元素计算 Fibonacci 序列值。

```java
public class Fib_array
  {
    public static void main( String args[ ] )
    {
        int fib[ ] = new int[20];
        int i, n = 20;
        fib[0] = 0;
        fib[1] = 1;
        for( i = 2; i < fib. length; i ++ )
            fib[i] = fib[i - 1] + fib[i - 2];
        for( i = 0; i < fib. length; i ++ )
            System. out. print(" " + fib[i]);
    }
  }
```

程序运行结果为：

0 1 1 2 3 5 8 13 21 34 55 89 144 233 377 610 987 1597 2584 4181

5. 一维数组的复制

Java 编程语言在 System 类中提供了一种特殊方法复制数组，该方法为 arraycopy( )，其作用是从指定源数组中复制一组数据到目标数组。arraycopy( ) 的参数格式为：

arraycopy(Object src, int srcPos, Object dest, int destPos, int length);

例如：

```
int ArrayA[ ] = {1,2,3,4,5,6};                    //源数组
int ArrayB[ ] = {10,9,8,7,6,5,4,3,2,1};           //目标数组
System. arraycopy(ArrayA,0,ArrayB,1,ArrayA. length);
//将源数组(从第一个元素开始)复制至目标数组(从第二个元素开始)，复制元素的个数为源数组的长度
```

复制后，数组 ArrayB 有如下内容：10,1,2,3,4,5,6,3,2,1。

（二）二维数组

1. 二维数组的声明

二维数组的声明有下列两种方式：

```
数据类型 数组名 [ ] [ ];                    //方式一，如：int Score[ ][ ]
数据类型 [ ] [ ] 数组名;                    //方式二，如：int[ ][ ]Score
```

2. 创建二维数组

为二维数组分配内存空间的格式如下：

```
数组名[ ] = new 数据类型[元素个数 1][元素个数 2];
```

例如：

```
Score = new int[3][4];
```

说明：

（1）在分配存储空间时，数组下标可以用变量。

（2）二维数组中每一维的大小可不同。

例如：

```
int i = 3, j = 4;
int a[ ][ ] = new int[i][j];           //在创建数组时下标使用变量
int b[ ][ ] = new int[3][ ];           //在创建数组时仅确定了第一维的维数
b[0] = new int[3];                     //指定第二维的维数
b[1] = new int[4];
b[2] = new int[5];
```

数组 b 的存储结构如图 2—5 所示。

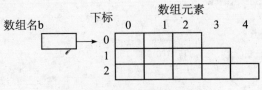

图 2—5　数组 b 的存储结构

3. 二维数组的初始化

二维数组的初始化比一维数组要复杂，不过方式与一维的类似。例如：

```
int[ ][ ]SidScore = {{1,68,79,90},{2,88,75,60},{3,75,73}};      //第二维元素个数可不同
```

4. 二维数组的引用

二维数组元素的行数和列数作为数组对象分别存储在 length 属性中，arrayName. length 用于获取二维数组行数，arrayName[i]. length 用于获取第 i 行的列数。

二维数组的引用格式如下：

数组名[下标 1][下标 2];

例如：

```
SidScore[1][2];
SidScore[i][2];                 //i 为整型变量且已赋值
SidScore[i][i+2];               //i 为整型变量且已赋值
```

【例 2—9】输入学生的各门课成绩后输出，并输出总成绩。

```java
import java.util. * ;
 class Sort
{
  public static void main(String args[ ])
  {
    int total;
    int N = 3;
    int score[ ][ ] = new int[N][4];
    int t[ ] = new int[4];
    Scanner reader = new Scanner(System. in);
    for(int i = 0;i<N;i++ )
    {    total = 0;
     System. out. println("请输入第" + (i + 1) + "个学生的 3 门成绩:");
     for(int j = 0;j<3;j++ )
     {

       score[i][j] = reader. nextInt( );
       total = total + score[i][j];
     }
     score[i][3] = total;
    }

    System. out. println("输出各门课成绩及总成绩:");
    for(int i = 0;i<N;i++ )
    System. out. println(score[i][0] + " " + score[i][1] + " " + score[i][2] + " " + score[i][3]);
  }
}
```

程序的运行结果如下：

请输入第 1 个学生的 3 门成绩:
82 92 89

请输入第 2 个学生的 3 门成绩：

91 93 87

请输入第 3 个学生的 3 门成绩：

93 96 88

输出各门课成绩及总成绩：

82 92 89 263

91 93 87 271

93 96 88 277

综合实训二　学生成绩管理的实现

【实训目的】

通过本实训项目使学生能较好地掌握程序的书写规范、知识的综合运用，并能提高学生分析问题、解决问题的能力。

【实训情景设置】

学生每学期都要进行考试，学校都会把学生的成绩输入并保存，全部成绩输入结束后都要对学生成绩进行排序；老师和学生都可对学生的成绩进行查询。学生应能模拟学生成绩管理系统的运行场景，进行程序的分析与设计。

【项目参考代码】

```java
import java.io. * ;
import java.util. * ;
  public class XScjgl
  {
    public static  int a = 5,b = 3;                    //a 保存班级人数 5,b 保存课程数目 3
    public static    int score[ ][ ] = new int[a][b + 2];
    static Scanner sc = new Scanner(System.in);
    public static void main(String args[ ]) throws IOException
    {
        cjlr( );                         //调用成绩输入模块
        System.out.println("成绩查询 ——1");
        System.out.println("成绩排序 ——2");
        System.out.println("退出程序 ——0");
        System.out.print("请选择:");
        int s = sc.nextInt( );
        switch (s)
        {
        case 1:
            cjcx( );                     //调用成绩查询模块
            break;
        case 2:
            cjpx( );                     //调用成绩排序模块
              break;
```

```
        default:
            System. out. println("退出程序 OK");
    }
}

//成绩输入模块
public static void cjlr( ) throws IOException
    {
        int i, j, c, d;
        for (i = 0; i < a; i ++)
        {
        score[i][0] = i + 1;                    //保存学号
        }
        for (i = 0; i < a; i ++)
        {
        d = 0;
        for (j = 1; j < = b; j ++)
        {
        System. out. print("请输入第" + (i + 1) + "个学生的第" + j + "门课的成绩");
        c = sc. nextInt( );
            while (c < 0 || c > 100)
            {
            System. out. print("请重新输入第" + (i + 1) + "个学生的第" + j + "门课的成绩");
            c = sc. nextInt( );
            }
        d = d + c;
        score[i][j] = c;                        //保存每一门成绩
        System. out. println(score[i][j]);
        score[i][b + 1] = d;                    //保存该生总成绩
        }
        }
    }
    //按学号查找模块
    public static void cjcx( ) throws IOException
    {
        int e;
        System. out. print("请输入要查找学生的学号");
        e = sc. nextInt( );
        while (e < 0 || e > a)
        {
            System. out. print("请重新输入要查找学生的学号");
            e = sc. nextInt( );
        }
        for (int j = 1; j < = b; j ++)
```

```
                {
        System. out. println("学号为" + e + "的学生第" + j + "门课的成绩:"
                                + score[e - 1][j]);
                }
        System. out. println("学号为" + e + "的学生总成绩:" + score[e - 1][b + 1]);
        }
//按总分升序排序模块
public static void cjpx( )
        {
        int scoretemp[ ][ ] = new int[a][2];    //新建一数组只用于保存总分和学号
        for (int i = 0;i<a;i ++)
        {
        scoretemp[i][1] = score[i][0];
        scoretemp[i][0] = score[i][b + 1];
        }
        //实现冒泡排序算法
        int scoretemp1 = 0;                      //新建变量用于排序
        int notemp1 = 0;                         //新建变量用于排序
        for (int j = 1;j< = a - 1;j ++)
        {
          for (int i = 0;i<a - 1;i ++)
          {
            if (scoretemp[i][0]>scoretemp[i + 1][0])
            {
                scoretemp1 = scoretemp[i][0];
                notemp1 = scoretemp[i][1];
                scoretemp[i][0] = scoretemp[i + 1][0];
                scoretemp[i][1] = scoretemp[i + 1][1];
                scoretemp[i + 1][0] = scoretemp1;
                scoretemp[i + 1][1] = notemp1;
            }
          }
        }
        int k = 0;
        for (int i = a - 1;i> = 0;i--)
        {
         k ++ ;
        System. out. println("第" + k + "名学生学号:" + scoretemp[i][1]
                            + ",总分:" + scoretemp[i][0]);
        }
        }
    }
```

【程序模拟运行结果】

请输入第 1 个学生的第 1 门课的成绩 78

请输入第 1 个学生的第 2 门课的成绩 86

请输入第 1 个学生的第 3 门课的成绩 93

请输入第 2 个学生的第 1 门课的成绩 84

请输入第 2 个学生的第 2 门课的成绩 88

请输入第 2 个学生的第 3 门课的成绩 68

请输入第 3 个学生的第 1 门课的成绩 91

请输入第 3 个学生的第 2 门课的成绩 94

请输入第 3 个学生的第 3 门课的成绩 70

请输入第 4 个学生的第 1 门课的成绩 76

请输入第 4 个学生的第 2 门课的成绩 96

请输入第 4 个学生的第 3 门课的成绩 68

请输入第 5 个学生的第 1 门课的成绩 93

请输入第 5 个学生的第 2 门课的成绩 68

请输入第 5 个学生的第 3 门课的成绩 90

成绩查询 ——1

成绩排序 ——2

退出程序 ——0

请选择:1

请输入要查找学生的学号 2

学号为 2 的学生第 1 门课的成绩:84

学号为 2 的学生第 2 门课的成绩:88

学号为 2 的学生第 3 门课的成绩:68

学号为 2 的学生总成绩:240

成绩查询 ——1

成绩排序 ——2

退出程序 ——0

请选择:2

第 1 名学生学号:1,总分:257

第 2 名学生学号:3,总分:255

第 3 名学生学号:5,总分:251

第 4 名学生学号:4,总分:240

第 5 名学生学号:2,总分:240

成绩查询 ——1

成绩排序 ——2

退出程序 ——0

请选择:0

退出程序 OK

拓展动手练习二

1. 练习目的

(1) 掌握程序的控制语句用法。

（2）掌握数组的定义与引用。

2. 练习内容

（1）输出一个指定层数的杨辉三角形。如层数为 6，则输出的图形形式如图 2—6 所示。

```
          1
         1  1
       1  2  1
      1  3  3  1
    1  4  6  4  1
  1  5  10  10  5  1
```

图 2—6 杨辉三角形

（2）试编写游戏程序，完成猜数字游戏，数字是由计算机随机产生的 100 以内的整数。一次就猜中得 100 分，2 次才猜中得 90 分，依此类推，超过 10 次无分。程序最后输出参与者得分。

习 题 二

一、选择题

1. 数组中可以包含什么类型的元素？（   ）

    A. int 型　　　　　　　B. string 型　　　　　　C. 数组　　　　　　D. 以上都可以

2. Java 中定义数组名为 xyz，下面哪项可以得到数组元素的个数？（   ）

    A. xyz. length( )　　　B. xyz. length　　　　C. len(xyz)　　　D. ubound(xyz)

3. 下面哪条语句定义了 3 个元素的数组？（   ）

    A. int[ ] a＝{20,30,40};　　　　　　　　　B. int a[ ]＝new int(3);

    C. int[3] array;　　　　　　　　　　　　　D. int[ ] arr;

4. 在下面的代码段中，执行之后 i 和 j 的值是（   ）。

```
int i = 10;
int j;
j = i++;
```

    A. 10，10　　　　　　　B. 11，10　　　　　　C. 10，11　　　　D. 11，11

5. 下列代码哪一行会出错？（   ）

```
public void modify( ) {                               line 1
int i,j,k;                                            line 2
i = 10;                                               line 3
while (i>0) {                                          line 4
j = i * 2;                                            line 5
System. out. println ("The value of j is" + j);       line 6
k = k + 1;                                            line 7
i -- ;                                                line 8
    }                                                 line 9
}                                                     line 10
```

    A. line 2　　　　　　　B. line 6　　　　　　C. line7　　　　　D. line 8

二、编程题

1. 试编写一个程序，输入 5 个数据，输出其中的最大数并输出该最大数在这 5 个数中的序号。

2. 试编写一个程序，输入 10 个学生的成绩，成绩在 0～59 分为 D，成绩在 60～79 分为 C，成绩在 80～89 分为 B，成绩在 90～100 分为 A，并输出 A、B、C、D 的人数。

3. 试编写一个程序，输入 3 条边的长度值，并判断这 3 条边的长度是否能构成三角形，如果能，则给出所构成三角形的形状（一般、等边、等腰）。

项目三　ATM 取款管理系统
——面向对象程序设计

技能目标

完成 ATM 取款机的服务功能，为用户提供存款、取款、余额查询、修改密码、查看用户信息等服务。

知识目标

理解类和对象的概念；

掌握类的定义和对象的创建；

掌握对象的使用；

掌握类的封装、继承和多态；

理解抽象类的定义并学会使用抽象类；

掌握接口的声明和实现方法；

掌握包的定义和使用的基本方法。

项目任务

开发一个 ATM 取款机管理系统，该系统的主要功能是用户输入卡号、密码通过验证后，就可以实现存款、取款、余额查询、修改密码、查看用户信息等操作。

项目解析

使用 ATM 取款机的用户，注册后就会产生一个账户。账户信息包括用户的卡号、密码、存款金额以及用户个人资料（如姓名、性别、年龄等信息）。面向对象的程序设计思想使我们很容易把这些信息组织到一起，完成相应的操作。将这些信息都放在账户类中，每当用户注册后系统就创建一个账户类的对象，这些对象最好存储在数据库或文件中，但基于对知识的认知过程，这部分内容将在后面的章节中讲述，可以把这些对象先存储到集合框架中（如用 Vector 存储），这样的缺点是每次程序重新启动都要把账户已经注册的信息重新注册一遍，学了后面的章节把它们保存到文件中就不会有这个问题了。ATM 取款机管理系统所涉及的知识有：类的定义、对象的创建和使用、面向对象编程的基本思想和系统类库的使用等。

根据上面的分析可以把项目分为 4 个任务，第一个任务是银行卡类的实现；第二个任务是用户信息类的实现；第三个任务是不同类型银行卡类的实现；第四个任务是工具类的实现。

任务一　银行卡类的实现

一、问题情景及实现

用户到银行开户，银行会分配给他一张银行卡，卡号唯一标识这张银行卡。具体实现代码如下：

```
class Card
{
  String cardNumber = null;                //构造方法
  Card( )
  {
  }
  void setCardNumber(String number)
  {
    cardNumber = number;
  }
  String getCardNumber( )
  {
    return cardNumber;
  }
}
```

 知识分析

Card 类用到的知识是面向对象的基础部分，如类和对象的定义及使用。把银行卡信息以及对这些信息的操作抽象成一个类，用类的形式来构建数据模型，然后实例化生成对象。本任务用到的知识点是类和对象。

二、相关知识：面向对象程序设计

（一）基本概念

面向对象程序设计是一种全新的程序设计理念，它的关键是将数据及对数据的操作整合在一起，形成一个相互依存、不可分割的整体——对象。对相同类型的对象进行抽象和处理，可以对结构复杂而又难以用以前的方法描述的对象设计出它的类。面向对象程序设计就是设计和定义这些类，定义好的类可以作为一个具体的数据类型进行类的实例化操作。通过类的实例化操作，就可以得到一系列具有通用特征和行为的对象。下面就来学习类和对象的基本概念以及类的基本特征。

（二）类

1. 类的概念

类是对一个或几个相似对象的描述，是具有相同属性和方法的一组对象的集合，它把不同的对象具有的共性抽象出来。类是同一类对象的原型，对象是由类创建的。类和对象是面向对象程序设计的两个最基本的概念，类是对象的抽象和描述，对象是类的实例化。

现实世界中有很多同类对象，这些对象都具有一些相同特征：如有一个名字标识该实体、有一组属性描述其特征、有一组行为实现其功能。例如，每辆自行车都有价格、车重、颜色等属性，也有驱动、加速、刹车等行为。我们可以定义一个"自行车类"，对自行车这一类型的客观实体所具有的共同属性和行为进行抽象描述。

在面向对象程序设计中，类是数据以及作用于数据之上的一组操作的封装体。类中的数据称为成员变量，类中对数据的操作称为成员方法。成员变量反映类的状态和特征，成员方法表示类的行为能力。

2. 类的定义语法格式

类的定义语法格式为：

[修饰符]class 类名[extends 父类名][implements 接口名序列]
{
    //类主体
}

说明：

（1）"**修饰符**"通常为访问控制符、特征说明符。可以使用的修饰符有 public、final、abstract。

（2）"class"是定义类的关键字，[ ]中的内容为可选内容。

（3）"类名"要符合标识符的命名规范、体现类的功能，习惯上首字母大写。

（4）"extends 父类名"表示该类继承了一个类，父类名指明被继承的类名称。

（5）"implements 接口名序列"表示该类所实现的接口，接口名序列指明该类要实现的一个或多个接口的名称，若实现多个接口则用逗号分隔。

（6）"类主体"是类设计的主体部分，一般包括成员变量和成员方法。

变量的定义格式为：

[修饰符]数据类型 变量名[= 初值];

成员方法的定义格式为：

[修饰符]返回值类型 方法名(参数列表)
{
//方法体
}

【例 3—1】输出一个字符串。

```
public class HowStudy
{
    public static void main(String args[ ])
```

```
    {
        System.out.println("How to study Java language better!");
    }
}
```

【例 3—2】 定义一个计算圆面积的类。

```
class Circle{
    double radius;              //定义私有成员变量
    double area;               //定义默认成员变量
    final double pi = 3.14;     //定义最终变量
    void setRadius(double r)    //定义默认方法
    {
        radius = r;
    }
    double getArea( )           //定义公共方法
    {
        area = pi * radius * radius;
        return area;
    }
}
```

该例定义了一个圆类 Circle，在类体中定义了 3 个成员变量和两个成员方法。其中一个是最终的成员变量 pi，且被初始化为 3.14，用 final 修饰成员变量时，表明该成员变量为最终变量（即常量）在定义时一般被赋初值。

【例 3—3】 定义一个银行卡类。

```
class Card
{
    String cardNumber = null;
    //构造方法
    Card( )
    {
    }
    public void setCardNumber(number)
    {
        cardNumber = number;
    }
    Public String get CardNumber( )
    {
        return cardNumber;
    }
}
```

在类中 String cardNumber＝null 为定义的成员变量。

```
void setCardNumber(number)
{
        cardNumber = number;
}
String get CardNumber( )
{
        return cardNumber;
}
```

以上两个方法为普通方法，用来改变成员变量 cardNumber 的值。

方法 Card( ) 为构造方法，是在类进行实例化生成对象的时候使用的，方法名必须与它所在的类名完全相同，且没有返回值。Java 语言规定没有定义构造方法的时候，系统会自动生成一个没有带任何参数且方法体为空的构造方法，就像方法 Card( )，它唯一的作用就是创建对象空间。当定义了构造方法后，系统将不再自动生成构造方法，在创建对象的时候可以使用已经定义的构造方法。

（三）对象

1. 对象的概念

现实世界中，对象（object）是具有某种特征和行为的结合体，任何事物都可以称为对象。例如：一个人、一辆自行车、一台电视机、一个学校、学校中的一个班级等都可以称为对象。一个人有特征（姓名、性别、年龄、籍贯）和行为（吃饭、睡觉、跑步、工作）；一辆自行车有特征（价格、车重、颜色）和行为（驱动、加速、刹车）。

在面向对象程序设计中，对象是类的实例（instance），对象与类的关系就像变量与数据类型的关系一样。对象使用数据和方法描述它的状态和行为，一般通过对象的成员变量描述状态，通过对象的成员方法实现行为。

对象是动态的，每个对象都有自己的生命周期，都会经历一个从创建、运行到消亡的变化过程。在系统运行时，对象获得系统创建类的一个实例，并占用为其分配的内存空间，可以通过读取或赋值的方法来获得或修改成员变量的值，也可以通过调用成员方法来完成某些任务。对象使用后将被销毁，并释放所占用的内存空间。

类是一种数据类型，对象是用来描述客观事物的一个实体，类是对象的模板，对象是类的实例化。当用一个类创建一个对象时，该对象就是这个类的一个实例。

2. 创建对象

在 Java 中，创建对象包括声明对象、为对象分配内存空间两部分。

（1）声明对象格式为：

类名 对象名;
Circle c1;   //举例

（2）为对象分配内存空间要使用 new 运算符和类的构造方法。格式为：

对象名 = new 类名([参数列表]);
c1 = new Circle( );   //举例

（3）在实际应用中，经常将声明对象和为对象分配内存空间合并为一步执行。格式如下：

```
类名 对象名 = new 类名([参数列表]);
Circle c1 = new Circle ( );            //举例
```

说明：

（1）类名必须是已经存在的类，可以是系统类库中的类，也可以是用户自定义的类。对象名必须符合 Java 语言对标识符的命名规则。

（2）利用 new 运算符为对象分配内存空间时，系统自动调用类的构造方法，以便对象初始化。

（3）一个类可以创建无数个对象，每个对象占用不同的内存空间，它们之间相互独立，互不影响。

3. 对象的使用

创建对象的过程就是为对象分配内存空间的过程，对象一旦拥有了自己的内存空间，就可以调用创建类中的方法以及使用自己定义的变量。使用对象必须通过运算符"."来对对象的变量和方法进行访问。格式为：

对象名 . 变量名
对象名 . 方法名([实际参数列表])

【例 3—4】利用 Circle 类分别计算半径为 10 和 50 的圆面积。

```
public class CircleArea
{
    Circle c1 = new Circle( );
    Circle c2 = new Circle( );
    public static void main(String args[ ])
    {
        double s1,s2;
        c1. setRadius(10);
        c2. setRadius(50);
        s1 = c1. getArea( );
        s2 = c2. getArea( );
        System. out. println("半径为 10 的圆的面积为:" + s1);
        System. out. println("半径为 50 的圆的面积为:" + s2);
    }
}
```

程序的运行结果如图 3—1 所示。

图 3—1 运行结果

说明：

（1）对象可以用"."运算符访问其变量和方法，但访问的这些变量和方法会有一定的限制。例如，由于例题中 Circle 类的 radius 被定义为私有变量，所以 CircleArea 类中就不能使用 c1. radius＝10 和 c2. radius＝50 语句来赋值。具体访问权限见访问权限控制符部分内容。

（2）调用有形式参数的方法时，需要用实际参数替换方法中的形式参数，实际参数的个数、类型及顺序必须与形式参数一致。调用无形式参数方法时不需要实际参数，但调用方法名后的括号不能省略，它是方法调用的标识。

（3）类成员与实例成员的区别。

在 Java 的类设计中，如果用修饰符 static 声明类的成员，则该成员称为类成员，也称为静态成员。类成员包括类成员变量和类成员方法。如果 static 被用来修饰成员变量，则该成员变量称为类成员变量，在访问时可以用"类名·变量名"的形式进行访问。如果 static 被用来修饰成员方法，则该成员方法称为类成员方法，在调用时可以用"类名·方法名（参数列表）"进行调用。在类成员方法中只能使用类成员变量，否则会产生错误。类成员可以通过类名直接访问，也可以通过对象来访问。

实例成员是不通过修饰符 static 声明的成员，包括实例成员变量和实例成员方法，只有创建对象之后才可以访问，通过对象才能访问实例成员变量和实例成员方法。

【例 3—5】类员举例。

```
class StaticTest
{
    static int i = 47;
    static void incr( ){
        i++;
    }
}
Class StaticDeo
{
    public static void main(String args[ ]){
        StaticTest st1 = new StaticTest( );
        StaticTest st2 = new StaticTest( );
        st1. incr( );
        System. out. print(st1. i);
        System. out. print(st2. i);
        System. out. println(StaticTest. i);
        st2. incr( );
        System. out. print(st1. i);
        System. out. print(st2. i);
        System. out. println(StaticTest. i);
        StaticTest. incr( );
        System. out. print(st1. i);
        System. out. print(st2. i);
        System. out. println(StaticTest. i);
    }
}
```

程序的运行结果如下：

```
48 48 48
49 49 49
50 50 50
```

通过这个例题，可以看出 static 修饰的成员属于类，所有的对象都共用一个内存单元，无论是哪个对象改变了它们的值，其他对象在访问这些属性的时候都会访问改变之后的值。

4. 静态成员变量与普通实例成员变量的区别

说明如下：

（1）声明区别：定义静态成员要使用 static，而类的普通成员的定义不用 static。

（2）存储区别：当创建一个对象时，系统会为对象的每一个实例成员变量分配一个存储单元，使得属于不同对象的实例成员变量具有不同的存储空间。当一个对象的实例成员变量值发生变化时不会影响到其他对象。在创建对象时，系统为类的静态成员变量分配一个存储单元，使得所有对象共享一个空间中的类。这些静态成员变量在程序执行过程中，如果某个对象改变了静态成员变量的值，其他对象在引用该静态成员变量时，引用的便是改变之后的值，如例 3—5 中对 i 值的改变。

（3）引用区别：实例成员变量只能通过对象来访问，而类成员变量可以直接通过类来访问，如方法中对 incr( ) 的访问可以直接通过类来调用，也可以通过对象来调用。类成员方法中不能访问实例成员，只能访问类成员，实例成员方法中可以访问类成员和实例成员。

【例 3—6】用户信息提示工具类。

```
class Tools{
    public static void show (Card card)
    {
        System. out. println("/**************************************/");
        System. out. println("/**Your card number is: " + card. getCardNumber( ) + "**/");
        System. out. println("/**************************************/");
    }
}
```

该类中程序段 card. getCardNumber( ) 是对象的调用，使用银行卡类的一个对象 card 来调用它的方法 getCardNumber( )，该方法以字符串的形式返回卡号。

在该类中定义了一个 public 类型、返回值为 void 的静态方法，调用它的时候显示指定的银行卡卡号。如果把方法定义成静态，就可以不用生成对象，直接使用类名调用。可以用下面的形式来调用该方法：

```
Card card1 = new Card( );
card1. setCardNumber("123456789");
Tools. show (card1);
```

调用该方法后，将显示 card1 这张银行卡的信息。

【例 3—7】银行卡卡号的设置。

```
class Test{
```

```
public static void main(String args[ ]){
    Card card1 = new Card( );
    card1. setCardNumber("123456789");
    Tools. show(card1);
    card1. setCardNumber("88888888");
    Tools. show(card1);
    }
}
```

在调试程序的时候需要把 Card 类、Tools 类、Test 类一起调试，组成一个完整的程序。运行结果如图 3—2 所示。

图 3—2 运行结果

任务二 用户信息类的实现

一、问题情景及实现

用户来银行开户，银行分配给用户一张银行卡后，还要记录其相关信息，如姓名、性别、年龄等。具体实现代码如下：

```
class User
{
    private String userName = null;
    private String sex = null;
    private String age = null;
    private Card card = new Card( );
    //构造方法
    User(String userName, String sex, String age, Card card)
    {
        this. userName = userName;
        this. sex = sex;
        this. age = age;
        this. card = card;
    }
    //访问成员变量的普通方法
    public void setUserName(String userName)
    {
        this. userName = userName;
    }
```

```java
public String getUserName( )
{
    return userName;
}
public void setSex(String sex)
{
    this. sex = sex;
}
public String getSex( )
{
    return sex;
}
public void setAge(String age)
{
    this. age = age;
}
public String getAge( )
{
    return age;
}
public void setCard(Card card)
{
    this. card = card;
}
public Card getCard( )
{
    return card;
}
public static void main(String[ ]args)
{
    Card card1 = new Card( );
    card1. setCardNumber("123456789");
    User user = new User("张三","男","20",card1);
    System. out. println("/**User name is: " + user. getUserName( ) + "**/");
    System. out. println("/**Sex is: " + user. getSex( ) + "**/");
    System. out. println("/**Age is: " + user. getAge( ) + "**/");
    System. out. println("/**Card number is: " + user. getCard( ). getCardNumber( ) + "**/");
}
}
```

这里 User 类需要与 Card 类一起编译，运行结果如图 3—3 所示。

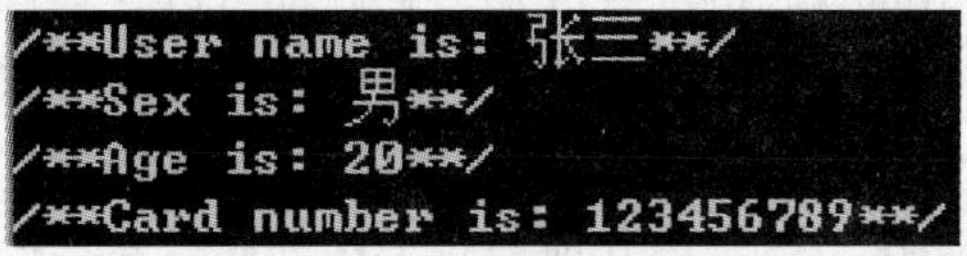

```
/**User name is: 张三**/
/**Sex is: 男**/
/**Age is: 20**/
/**Card number is: 123456789**/
```

图 3—3　运行结果

知识分析

本程序定义了一个用户类，该类封装了 4 个属性：用户姓名、性别、年龄、银行卡信息，两个构造方法以及访问为封装属性的普通方法。在这 4 个属性中银行卡属性是本项目任务一中定义的银行卡类的对象，这是面向对象编程中数据集成的一种常用方法。在这个程序中用到了面向对象编程的主要特征——封装，以及 this 的使用。

二、相关知识：访问权限控制符、封装、this 的应用

在弄明白封装概念前，要先对本项目任务一中涉及类的成员的访问权限控制符进行介绍。

（一）访问权限控制符

访问控制符是一组限定类、类内部的属性和方法能否被这个类以外的其他类访问和调用的修饰符。类的访问控制符有 public 和默认（friendly）两个情况。属性和方法的访问控制符有 4 个，分别为 public、private、protected、friendly，通常没有修饰符修饰的时候默认为 friendly。

类的成员一般是由属性和方法构成的。类的成员能否被其他类访问，取决于定义这些成员的访问权限控制符。当把一个类的成员访问权限设置为 public 时，程序中具有访问该权限的类都可以访问它们。一个类的成员是 friendly 状态，那么它就具有包访问的特性，即只有在同一个包中的类才可以访问它们。用 private 修饰的成员，成为类私有的成员，private 提供最高的保护级别，只能在该类内部访问和修改，而不能被其他任何类直接引用和获取。用 protected 修饰的成员可以被 3 种类引用：该类自身、同一个包中的其他类、在其他包中该类的子类。private 和 protected 按顺序组合可以构成一个完整的访问控制符，私有保护访问控制符。用 private 和 protected 修饰的成员可以被两种类访问：一种是该类自身；另一种是该类的所有子类，包括该类不在同一文件夹中的子类。私有保护控制符把同一包中的非子类排除在可以访问的范围之外，使得成员专属于具有明确继承关系的类，我们可以在学习了包后进一步理解这些内容。表 3—1 列出了 Java 中类的限定词的作用范围的比较。

表 3—1　　　　　　　　　　Java 中类的限定词的作用范围的比较

权限修饰符	同一个类	同一个包	不同包的子类	不同包非子类
private	√			
default	√	√		
protected	√	√	√	
public	√	√	√	√

（二）封装

面向对象的另一个重要特征就是封装。在前面的例题中类的属性和方法没有设置访问权限，使得在类中或类之外访问类成员没有区别，它们都可以任意修改类中的成员。调用类中的方法对数据进行操作，会造成对象具有潜在危险而出现不稳定状态。因此我们希望有一个更好的并能够符合面向对象程序设计思想的解决办法，这就是类的封装原则。在一个类中定义的属性由该类自身进行操作，不希望其他类对类中的属性直接操作，可以通过声明一些公有的方法提供给其他类调用，从而达到访问类中属性的目的。这样可以防止外部的干扰和误

用，即使改变了类中数据的定义，只要方法名不改变，就不会对使用该类的程序产生任何影响。反过来说，封装减少了程序对类中数据表达的依赖性，这就是类的隐藏性和封装性。封装的目的如下：

(1) 隐藏类的实施细节。

(2) 迫使用户通过接口去访问数据。

(3) 增强代码的可维护性。

了解了访问控制符的相关概念后，我们再来看看如何实现封装。封装的实现其实很简单，只要在定义类的属性时，把类的属性定义成 private 即可，那么这些成员就成为该类的私有成员，被封装在类的内部。被 private 封装起来的成员，只有在同一个类中才能够访问，其他类都没有直接访问被封装数据的权限。

【例 3—8】银行卡类。

```
class Card
{
    private String cardNumber = null;
    String getNumber( )
    {
        return cardNumber;
    }
    void setNumber(String cardNumber)
    {
        this. cardNumber = cardNumber;
    }
}
```

说明： cardNumber 被封装在 Card 类的内部，其他类不可以直接访问它，要访问这个属性可以在该类中定义非私有的方法，如 getNumber( ) 和 setNumber(String cardNumber)，通过调用这两个方法来达到访问被封装数据 cardNumber 的目的。

【例 3—9】封装了多个属性的用户类的创建。

```
class User
{
    private String username = null;
    private String sex = null;
    private String age = null;
    private Card card = new Card( );
    String getName( )
    {
     return username;
    }
    void setName(String username)
    {
     this. username = username;
```

```
     }
     String getSex( )
     {
      return sex;
     }
     void setSex(String sex)
     {
      this. sex = sex;
     }
     String getAge( )
     {
      return age;
     }
     void setAge(String age)
     {
      this. age = age;
     }
     Card getCard( )
     {
      return card;
     }
     void setCard(Card card)
     {
      this. card = card;
     }
}
```

说明：在这个例子中定义一个用户类，里面封装了 4 个属性分别为：

```
private String username = null;
private String sex = null;
private String age = null;
private Card card = new Card( );
```

属性 private Card card＝new Card( ) 是 User 类的属性为 Card 类的对象，这是程序开发中对集成的应用。被封装的 card 属性与其他属性一样可以被本类中的方法调用，所不同的是 card 属性是一个对象，有自己的成员。那么如何访问 User 类属性 card 里面的成员呢？我们用下面的语句来访问 card 属性：

```
String cardNumber = null;
User user = new User( );
cardNumber. user. getCard( ). getNumber( );
```

（三）this 的应用

在 User 类中，多次用到了 this 关键字，下面对它进行介绍。

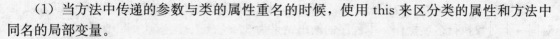

（1）当方法中传递的参数与类的属性重名的时候，使用 this 来区分类的属性和方法中同名的局部变量。

【例 3—10】定义一个用户类。

```
class User
{
    private String username = null;
    private String sex = null;
    private String age = null;
    private Card card = new Card( );
    //构造方法
    User(String username,String sex,String age,Card card){
        this. username = username;
        this. sex = sex;
        this. age = age;
        this. card = card;
    }
}
```

说明： 由于要在构造 User 类的对象时，给它的属性 userName、sex、age、card 赋初始值，所以定义了一个带参数的构造方法，该方法传递了 4 个参数，参数的名字恰好与类名都重名，为了区分类的属性与构造方法传递的参数，在类的属性前面加了一个关键字 this。实际上类的属性和方法在调用的时候前面都有一个 this，只是通常在不产生混淆时省略了而已，本例中出现了局部变量和类的属性重名，所以 this 就不可以省略了。

（2）方法的返回值是当前类的对象时，需要使用 this 关键字。

【例 3—11】定义一个树叶类。

```
public class Leaf
{
    private int i = 0;
    Leaf increment( ) {
        i++ ;
        return this;
    }
    void print( )
    {
        System. out. println("i = " + i);
    }
    public static void main(String[ ]args)
    {
        Leaf x = new Leaf( );
        x. increment( ). increment( ). increment( ). print( );
    }
}
```

说明：increment( )方法通过 this 关键字，返回值为当前对象的句柄，因此可以方便地对同一个对象执行多项操作。本程序的输出结果为 3。

（3）定义类的时候，如果写了多个构造方法，经常会在一个构造方法的第一条语句使用 this( )调用它前面定义好的构造方法，以免出现重复代码。

【例 3—12】 定义一个花类。

```java
public class Flower
{
  private int petalCount = 0;
  private String s = new String("null");
  Flower(int petals)
  {
    petalCount = petals;
    System. out. println("Constructor int arg only,petalCount = " + petalCount);
  }
  Flower(String ss)
  {
    System. out. println("Constructor String arg only,s = " + ss);
    s = ss;
  }
  Flower(String s,int petals)
  {
    this(petals);
    this. s = s; //this 的另外一种用法
    System. out. println("String & int args");
  }
  Flower( )
  {
    this("hi",47);
    System. out. println("default constructor (no args)");
  }
  void print( )
  {
    System. out. println("petalCount = " + petalCount + " s = "+ s);
  }
  public static void main(String[ ]args) {
    Flower x = new Flower( );
    x. print();
  }
}
```

说明：本例用到了方法的重载，这部分知识将在任务四中讲解。

任务三 不同类型银行卡类的实现

一、问题情景及实现

用户使用的银行卡有不同的类型，如普通银行卡、信用卡、医保卡等，下面实现银行卡的分类。具体实现代码如下：

```
class CommonCard extends Card
{
}
class Curecard extends card
{
}
final class CreditCard extends Card
{
    private double money = 0. 0;
    public double getMoney( )
    {
        return money;
    }
    public void setMoney(double money)
    {
        this. money = money;
    }
}
```

知识分析

不同类型的银行卡有一个共同特征，就是都有卡号。用继承的知识把 Card 类作为其他类的父类，不同银行卡类型定义为它的子类。

CommonCard、Curecar、CreditCard 继承了 Card 类，用到了继承的知识，这是面向对象的主要特征之一，也是数据集成的一种方式。程序中还涉及 final 的用法。

二、相关知识：继承、final 的使用

（一）继承

类的提出给我们带来了极大的方便，它在概念上允许我们将各式各样的数据和功能封装到一起，形成一种数据类型，这个数据类型就是定义的类。我们费尽心思定义出来一个类后，假如不得不又新建一种类型，令其实现大致相同的功能，那将是一件令人非常灰心的事情。但若能利用现成的类，对其进行继承，再根据情况添加和修改，情况就显得理想多了。继承就是基于这个目的而设计的。

继承根据基础类创建具有特殊属性和行为的新类。由继承而得到的新类称为子类，被继

承的基础类称为父类。子类继承父类的属性和行为并根据需要增加自己的状态和行为。子类和父类的关系如图 3—4 所示。

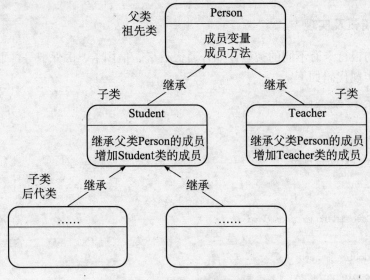

图 3—4　子类与父类继承关系图

1. 子类的创建

语法格式如下：

```
class 子类名 extends 父类名
{
类体
}
```

【例 3—13】定义 Person 类与 Student 子类。

```
class Person
{
    String name,sex;
    int age;
    public void setPerson(String name,String sex,int age)
    {
        this. name = name;
        this. sex = sex;
        this. age = age;
    }
    public void out( )
    {
        System. out. println("name:" + name);
        System. out. println("sex:" + sex);
        System. out. println("age:" + age);
    }
```

```
}
//定义 Person 类的子类 Student 类
class Student extends Person
{
    String classname;
    int grade;
    public void setStudent(String name, String sex, int age, String classname, int grade)
    {
        this. name = name;
        this. sex = sex;
        this. age = age;
        this. classname = classname;
        this. grade = grade;
    }
    public void outValues( )
    {
        out( );
        System. out. println("class:" + classname);
        System. out. println("grade:" + grade);
    }
    public static void main(String args[ ])
    {
        Person zhangsan = new Person( );
        zhangsan. setPersion("zhangsan","male",18);
        zhangsan. out( );
        Student sunyu = new Student( );
        sunyu. setStudent("sunyu","female",17,"computer 3",1);
        sunyu. outValues( );
    }
}
```

程序的运行结果如下：

```
name: zhangsan
sex: male
age:18
name: sunyu
sex: female
age:17
class: computer 3
grade:1
```

说明： 子类 Student 继承了父类 Person 中的属性 name、sex、age，新增了属性 class-
name、grade，并且继承了父类 Person 中的方法 setPerson( )、out( )，因此在子类新增的

outValues( ) 方法中直接调用继承来的 out( ) 方法。

子类继承了父类的成员如下：

（1）子类可以继承父类的属性，包括实例成员变量和类成员变量。

（2）子类可以继承父类除构造方法以外的成员方法，包括实例成员方法和类成员方法。

（3）子类可以重定义父类成员。

子类不能继承父类的构造方法是因为父类构造方法创建的是父类对象，子类必须定义自己的构造方法，创建子类的对象。

2. 子类的上转型对象

所谓上转型对象是指父类 A 和子类 B，用父类 A 声明的句柄指向子类 B 生成的对象，通过父类的句柄调用子类对象，这种情况称为上转型对象。例如：

A a＝new B( );

上转型对象的实体是子类创建的，但上转型对象会失去原对象的一些属性和功能。

（1）上转型对象不能操作子类新增的成员变量与方法。

（2）上转型对象可以操作子类继承或重写的成员变量与方法。

（3）当子类重写父类的某个方法后，通过上转型对象调用的方法可调用重写的方法。

【例 3—14】信用卡类。

```java
class CreditCard extends Card{
    private double money = 0.0;
    public double getMoney( ){
        return money;
    }
    public void setMoney(double money){
        this. money = money;
    }
    public static void main(String args[ ])
    {
        Card card = new CreditCard( );
        card. setCardNumber("88888888");
        System. out. println(card. getCardNumber( ));
    }
}
```

说明：语句 Card card＝new CreditCard( )定义的对象 card 为 CreditCard 类的上转型对象。

（二）final 的使用

final 修饰符可以修饰类以及类的成员。被 final 修饰的类称为最终类，它不可以再被继承生成子类。被 final 修饰的类的属性称为常量，它的值在程序的执行过程中被初始化后就不可以改变了。被 final 修饰的方法称为最终方法，不可以被当前类的子类重新定义，子类只能使用从父类继承来的被 final 声明的方法，但不可以将其覆盖。

【例 3—15】定义成最终类的信用卡类。

```
final class CreditCard extends Card{
    //方法体
}
```

说明：CreditCard 继承了 Card 类后，就可以使用 Card 类中的成员变量和方法。若 CreditCard 类被定义为最终类，就不可以再被其他类继承。

三、知识拓展：抽象类与接口

（一）抽象类

1. 定义抽象类

在 Java 语言中，用 abstract 修饰的类称为抽象类，用 abstract 修饰的方法称为抽象方法。定义的抽象方法只有声明而无具体实现，定义抽象类的格式如下：

```
abstract class 类名
{
类体
}
```

定义抽象方法的格式如下：

```
abstract 返回值类型 方法名([参数])
```

【例 3—16】抽象员工类。

```
abstract class Employee
{
int basic = 2000;
abstract void salary( );                //抽象方法
}
```

2. 抽象类的使用

抽象类在使用时通过类的继承机制，定义子类来实现抽象类中的抽象方法，从而使用抽象类。

抽象类和抽象方法的规定有：抽象类不一定要包含抽象方法，但有抽象方法的类一定是抽象类。一个类继承了抽象类，要实现抽象类中所有的抽象方法，才能够进行实例化。若子类没有实现抽象类中所有的抽象方法，则子类也必须声明为抽象类。

【例 3—17】使用抽象类定义的管理层类和工人类。

```
class Manager extends Employee
{
 void salary( )
 {
     System.out.println("中层薪资是" + basic * 3);
 }
}
class Worker extends Employee
```

```
    {
    void salary( )
    {
        System. out. println("工人薪资是" + basic * 1.5);
    }
}
public class Example
{
    public static void main(String args[ ])
    {
        Manager ma = new Manager( );
        ma. salary( );
        Worker wr = new Worker( );
        wr. salary( );
    }
}
```

程序的运行结果为：

中层薪资是 6000
工人薪资是 3000

说明：在本程序中定义了抽象类中的雇员类（Employee），把雇员类的通用属性定义成抽象方法如工资（salary），以明确雇员是否都有工资（salary），但工资的发放标准因角色不同而异，因此应根据雇员的角色制定不同的工资标准。基于这个要求雇员类的子类都应重写工资这个方法，这时抽象类中的抽象方法正好满足了这个要求，把 salary 方法定义成一个抽象方法，那么继承抽象类 Employee 的类就都必须重写该方法。

（二）接口

1. 接口的定义

"interface"（接口）关键字使抽象的概念更进了一层，我们可以想象为一个"纯"抽象类，就是一组具有特定意义的静态常量和抽象方法的集合。

创建接口的语法如下：

[修饰符] interface 接口名[extends 父接口列表]
{
　　[修饰符]类型 属性名 = 值;
　　返回值类型 方法名(参数列表);
}

说明：
（1）修饰接口的修饰符只有 public 和默认修饰符两种。
（2）接口可以多重继承，但接口只能继承接口，不能继承类。
（3）属性定义时必须赋初值，是常量。属性的修饰符默认为 final、static。
（4）接口中的方法必须是抽象方法。

由于定义在接口中的所有方法都是抽象方法，因此 Java 不要求在接口中把 abstract 修饰符放在方法前，但是在抽象类中必须将 abstract 修饰符放在抽象方法之前。

利用继承技术，可方便地为一个接口添加新的方法声明，也可以将几个接口合并成一个新接口。在这两种情况下，最终得到的都是一个新接口。

【例 3—18】定义危险动物接口继承动物接口。

```
interface Animal
{
    void eat( );
}
interface DangerousAnimal extends Animal
{
    void destroy( );
}
```

说明：DangerousAnimal 是对 Animal 接口的一个简单扩展，最终生成了一个新接口。

在类继承的时候，我们只能对单独一个类应用 extends（扩展）关键字。由于接口可能由多个其他接口构成，所以在构建一个新接口时，extends 可能引用多个基础接口。接口的名字只是简单地用逗号分隔。在编译时 Java 为每个接口生成一个独立的字节码文件。由于接口中的方法都是抽象方法，所以接口和抽象类一样不能实例化。

2. 接口的实现

接口的定义仅仅是定义了行为的协议，没有定义履行接口协议的具体方法。这些方法的真正实现是在继承这个接口的各个类中完成的，要由这些类来具体定义接口中各抽象方法的方法体，以适应某些特定的行为，因而在 Java 中，通常将接口功能的实现称为实现接口。实现接口的语法如下：

```
class 类名 implements 接口名[,接口名……]
```

其中，一个类可以实现多个接口，克服了 Java 不支持多重继承的缺点。

说明：

（1）implements 是一个类实现接口的关键字，一个类可以实现多个接口，接口之间用逗号分割。

（2）如果实现接口的类不是 abstract 修饰的抽象类，则在类主体中必须实现接口列表中所有接口的抽象方法。

（3）一个类在实现接口的抽象方法时，必须显式地使用 public 修饰符，否则将在编译时提示错误。

【例 3—19】定义狼类是危险动物的接口。

```
class Wolf implements DangerousAnimal
{
  void eat( )
  {
      System. out. println("狼吃肉");
  }
```

```
    void destroy( )
    {
        System. out. println("狼祸害羊群");
    }
}
public class Example
{
    public static void main(String args[ ])
    {
        Wolf wolf = new Wolf( );
        wolf. eat( );
        wolf. destroy( );
    }
}
```

3. 接口回调

接口回调是用接口声明的句柄指向实现该接口的类所创建的对象，那么该句柄就可以调用接口中的方法，接口回调也是多态的一种表现形式。

【例 3—20】接口回调的用法举例。

```
//定义接口 ShowMessage
interface ShowMessage
{
    void print(String s);
}
//定义 Doctor 类来实现接口 ShowMessage
class Doctor implements ShowMessage
{
    public void print(String s){
        System. out. println("profession is " + s);
    }
}
class Teacher implements ShowMessage
{
    public void print(String s)
    {
        System. out. println("profession is " + s);
    }
}
//定义主类演示接口的使用
class InterfaceDemo
{
    public static void main(String args[ ])
    {
```

```
        ShowMessage message;
        message = new Doctor( );
        message. print("doctor");
        message i = new Teacher( );
        message. print("teacher");
    }
}
```

接口的用法虽然简单，但是我们应理解为何使用接口。从面向对象的角度来说，接口是公共的、公开的，但具体实现是看不见的，这是数据封装的一种表现。另一方面从程序开发来说，接口就是一个开发标准，接口中方法由不同的类实现不同的方法。另外，Java 的多重继承可以通过接口实现，即一个类继承另一个类并实现多个接口。

任务四　工具类的实现

一、问题情景及实现

取款机管理系统需要给用户提示信息，用户根据提示信息进行操作。取款机需要根据用户的输入信息，启动相应的程序。用工具类把用户常用的输入操作和反馈给用户的提示信息组织到一块。具体实现代码如下：

```
import java. io. * ;
import java. util. * ;
class Tools{
public static void show(String msg)                //MSG 提示信息显示
{
    System. out. println("/************************************/");
    System. out. println("/***" + msg + "***/");
    System. out. println("/************************************/");
}
public static void show(Card card)              //显示银行卡信息
{
    System. out. println("/************************************/");
    System. out. println("/**卡号: " + card. getCardNumber() + "**/");
    System. out. println("/************************************/");
}
public static void show(User user)              //显示用户信息
{
    show(user. getCard( ));
    System. out. println("/************************************/");
    System. out. println("/**姓名: " + user. getUserName( ) + "**/");
    System. out. println("/**性别: " + user. getSex( ) + "**/");
    System. out. println("/**年龄: " + user. getAge( ) + "**/");
```

```
        System. out. println("/*************************************/");
    }
    public static void show(Account account)                    //显示账户信息
    {
        show(acount. getUser( ));
        System. out. println("/*************************************/");
        System. out. println("/**密码:" + acount. getPassword( ) + "***/");
        System. out. println("/**余额: " + acount. getMoney( ) + "***/");
        System. out. println("/*************************************/");
    }
    public static void showServerInformation( )                  //显示提示用户操作的信息
    {
     System. out. println("/*************************************/");
     System. out. println("/***          选择你的操作              ***/");
     System. out. println("/***          1 存款                   ***/");
     System. out. println("/***          2 取钱                   ***/");
     System. out. println("/***          3 修改密码                ***/");
     System. out. println("/***          4 显示余额                ***/");
     System. out. println("/***          5 显示账户信息             ***/");
     System. out. println("/***          6 退出                   ***/");
     System. out. println("/*************************************/");
    }
    public static int inputInt( )                                //从键盘读取一个整数
    {
      int i = 0;
      Scanner in = null;
    try{
        in = new Scanner(System. in);
        i = in. nextInt( );

    }catch(Exception e){
        System. out. println("Exception when read String from the keyboard. ");
        inputString( );
          }
        return i;
    }
    public static double inputDouble( )                          //从键盘读取一个实数
    {
      double d = 0;
      Scanner in = null;
    try{
        in = new Scanner(System. in);
        d = in. nextDouble( );
```

```
}catch(Exception e){
    System. out. println("Exception when read String from the keyboard. ");
    inputString( );
        }
    return d;
}
public static String inputString( )                  //从键盘读取一个字符串
{
  String s = null;
  Scanner in = null;
    try{
     in = new Scanner(System. in);
     s = in. nextLine( );
}catch(Exception e){
    System. out. println("Exception when read String from the keyboard. ");
    inputString( );
        }
    return s. trim( );
}
}
```

 知识分析

程序中有 4 个 show( ) 方法，它们有相同的方法名和返回类型，传递的参数不一样，这种现象称为重载。方法的作用：show(String msg) 用于显示字符串 msg，show(Card card) 用于显示银行卡信息，show(User user) 用于显示用户信息，show(Account account) 用于显示账户信息。为了让代码简洁，在 show(User user) 中调用了方法 show(Card card)，在 show(Account account) 中调用了方法 show(User user)。showServerInformation ( )是用户登录时给用户的提示信息。

程序中的 3 个 input***( )方法是用来读取用户输入信息的，分别为从键盘上读取一个整数、一个实数、一个字符串。本程序用到了系统类库中的类 Scanner，涉及知识点系统类库的使用。系统类库中的类都是以包的形式来组织的，本任务需要讲解包的知识。

在方法 input***( )中，还有一个语句块 try-catch 是异常处理程序，这部分知识在后序项目中将详细讲解。

重载是面向对象思想多态的一种，下面就多态、包和系统类库的使用进行介绍。

二、相关知识：多态、super 的使用、程序包及系统类库简介

（一）多态
多态的表现形式主要有方法的重载和方法的覆盖，上转型对象和接口的回调也是多态的表现形式。

1. 方法重载
由于 Java 语言构造方法的名字由类名决定，所以只能有一个构造方法名称。用多种方

式创建一个对象需要用到构造方法的重载。

(1) 构造方法的重载。

【例 3—21】在 Card 类中，构造方法的重载。

```
class Card
{
    String cardNumber = null;
    Card( )                          //不带参数的构造方法
    {
    }
    Card(String cardNumber)          //带参数的构造方法
    {
        this. cardNumber = cardNumber;
    }
}
```

说明：第一个构造没有参数，第二个构造用一个字符串作为参数初始化对象。

把相同方法名而包含不同参数的方法的定义形式称为方法的重载。尽管方法重载是构造方法必需的，但它亦可应用于其他方法，且用法非常方便。

(2) 普通方法的重载。

【例 3—22】在 Tools 类中，show( ) 方法的重载。

```
class Tools
{
    public static void show(String msg)
    {
        System. out. println("/*************************************/");
        System. out. println("/***" + msg + "****/");
        System. out. println("/*************************************/");
    }
    public static void show(Card card)
    {
        System. out. println("/*************************************/");
        System. out. println("/**卡号: " + card. getCardNumber( ) + "**/");
        System. out. println("/*************************************/");
    }
    public static void show(User user)
    {
        show(user. getCard( ));
        System. out. println("/*************************************/");
        System. out. println("/**姓名: " + user. getUserName( ) + "**/");
        System. out. println("/**性别: " + user. getSex( ) + "**/");
        System. out. println("/**年龄: " + user. getAge( ) + "**/");
        System. out. println("/*************************************/");
```

```
        }
    }
```

方法重载是指同一个类中多个方法享有相同的名字，但是这些方法的参数必须不同，参数的不同可以是参数的个数、类型不同，也可以是不同类型参数的排列顺序不同。需要注意的是，方法的返回值类型不能用来区分方法的重载。参数类型的区分度一定要足够，如不能是同一简单类型的参数如 int 和 long。

在编译阶段，具体调用哪个被重载的方法，编译器会根据参数的不同来静态确定调用相应的方法，所以也称方法重载为编译时的多态。

2. 方法覆盖

类继承的过程中，子类方法跟父类方法名字相同，并且传递的参数完全一样，称子类覆盖了父类的方法。覆盖父类的方法通常是为了对其进行修改，并添加新的功能。

当一个被覆盖方法通过父类引用被调用时，Java 根据当前被引用对象的类型来决定执行哪个方法。

【例 3—23】通过重写父类方法实现多态性。

```
class Animal{
  void cry( ){
      System. out. println("有叫声");}
}
class Dog extends Animal{
  void cry( ){
      System. out. println("汪汪 ...");}
}
class Cat extends Animal{
  void cry( ){
      System. out. println("喵喵 ...");}
}
class Bird extends Animal{
  void cry( ){
      System. out. println("啾啾 ...");}
}
class Example{
  public static void main(String args[ ]){
      Animal a1;
      a1 = new Dog( );
      a1. cry( );
      Animal a2;
      a2 = new Cat( );
      a2. cry( );
      Animal a3;
      a3 = new Bird( );
      a3. cry( );
```

```
        }
    }
```

程序的运行结果为：

汪汪…

喵喵…

啾啾…

说明： 声明的对象 a1、a2、a3 均为父类 Animal 的对象，但把子类对象的引用赋给它们，再通过它们重写父类方法时，调用的却是子类中重写的方法，从而实现了同一类对象根据引用对象的不同来实现不同的行为。

方法覆盖的注意事项如下：

（1）在子类覆盖父类的某个方法时，不能降低方法的访问权限。

（2）子类不能覆盖父类中声明为 final 或 static 的方法。

（3）可以通过 super 关键字调用父类中被覆盖的成员。

（二）super 的使用

在类继承的过程中，可以使用 super 引用父类的成员。super 引用有下述两种方法。

1. 调用父类的构造方法

构造方法具有的特殊性决定了它不可以被继承。但是在设计子类的时候，我们希望在父类某个构造方法的基础上设计子类的构造，可以在子类构造方法的第一条语句使用 super 调用父类的构造方法。格式为：

```
super([参数]);
```

【例 3—24】 通过 super 调用父类的构造方法。

```
class Student
{
 int number;String name;
 Student(int number,String name)
{
        this. number = number;
        this. name = name;
 }
}
class UniversityStudent extends Student
{
 boolean sex;
 UniversityStudent(int number,String name,boolean sex)          //子类的构造方法
{
        super(number,name);                                      //调用父类的构造方法
        this. sex = sex;
 }
 public static void main(String args[ ])
```

```
{
        UniversityStudent zhangSan = new UniversityStudent(2009020301,"李月",false);
        System. out. println("我是 " + zhangSan. name + "我的学号是" + zhangSan. number);
        if(ZhangSan. sex)
            system. out. println("我结婚了");
        else
            system. out. println("我还没有结婚");
    }
}
```

程序的运行结果为：

我是李月我的学号是 2009020301

我还没有结婚

2. 调用父类的同名成员

被子类隐藏的属性和被子类覆盖的方法都可以通过 super 来调用。

（1）调用父类被覆盖的方法的语法如下：

super. 方法名([参数]);

（2）调用父类被隐藏的成员变量的语法如下：

super. 变量名;

【例 3—25】通过 super 调用父类被隐藏的成员。

```
class Sum
{
    int n;
    float f( )
    {
        float sum = 0;
        int i = 0;
        while( ++ i< = n)
        sum = sum + i;
        return sum;
    }
}
class Average extends Sum
{
    int n;
    float f( ){
        float sum;
        super. n = n;                //将子类成员变量 n 的值赋给父类成员变量 n
        sum = super. f( );           //调用父类 Sum 被覆盖的 f( )方法
        return sum/n;
```

```
    }
    float g( )
    {
        float sum;
        sum = super. f( );                    //调用父类 Sum 覆盖的 f( )方法
        return sum/2;
    }
}
public class Example
{
    public static void main(String args[ ])
    {
        Average aver = new Average( );
        aver. n = 100;
        float result_1 = aver. f( );        //调用类 Average 中的 f( )方法
        float result_2 = aver. g( );
        System. out. println("result_1 = " + result_1);
        System. out. println("result_2 = " + result_2);
    }
}
```

程序的运行结果为：

```
result_1 = 50. 50
result_2 = 2525. 0
```

说明：Average 类是 Sum 类的子类，在子类中该类通过关键字 super 既访问了父类的成员变量 n，也访问了父类的方法 f( )。

【例 3—26】通过 super 关键字调用直属父类中被覆盖的成员。

```
class SuperClass
{
    int x;
    SuperClass( )
    {
        x = 3;
        System. out. println("in SuperClass : x = " + x);
    }
    void doSomething( )
    {
        System. out. println("in SuperClass. doSomething( )");
    }
}
class SubClass extends SuperClass
{
```

```
    int x;
    SubClass( ) {
      super( );                        //调用父类的构造方法
      x = 5;                           //super( )要放在方法中的第一句
      System. out. println("in SubClass :x = " + x);
    }
    void doSomething( )
    {
      super. doSomething( );           //调用父类的方法
      System. out. println("in SubClass. doSomething( )");
      System. out. println("super. x = " + super. x + " sub. x = " + x);
    }
}
class Inheritance
{
  public static void main(String args[ ])
  {
    SubClass subC = new SubClass( );
    subC. doSomething( );
  }
}
```

程序的运行结果为：

```
inSuperClass:x = 3
in SubClass :x = 5
in SuperClass. doSomething( )
in SubClass. doSomething( )
super. x = 3 sub. x = 5
```

说明：

①直接引用父类方法而不使用 super 会导致无限的递归，因为子类方法实际上是在调用自身。

②当通过父类引用调用一个方法时，Java 会正确地选择与对象对应的类的覆盖方法。

③在方法覆盖中，子类在重新定义父类已有的方法时，应保持与父类完全相同的方法名、返回值和参数列表。

④子类可以添加字段，也可以添加方法或者覆盖父类中的方法。然而，继承不能去除父类中的字段和方法。

（三）程序包

Windows 操作系统对文件的管理是以文件夹为单位存放的，在同一个文件夹中文件的名字不能相同，不同文件夹中的文件名可以相同。若将文件夹、文件全部放在一起，文件会杂乱无章，没有层次，因此文件必须有唯一的名字，否则会产生冲突。如果将文件以文件夹为单位分门别类存放，就显得井井有条，便于管理，而且还可以在文件夹中设置子文件夹，这样会大大提高了我们管理文件的效率。

Java 组织类的方式与此同理。Java 要求文件名与类名相同，若将多个类放在一起，则必须保证类名不重复。当声明多个类时，类名的冲突性增大，这时需要 Java 用包（Package）来实现对类的管理。

包（Package）是 Java 提供的一种命名空间机制，实现了对类的存放和引用位置的管理，包对应一个文件夹，包中还可以再有子包，称为包的等级。

在编写类的时候可以声明类所在的包，在同一个包中类名不能重复，在不同的包中类名可以相同。当源程序中没有声明类所在的包时，类被存放在默认的包中，该默认包中的类要求类名唯一，不能重复，否则会产生冲突。

Java 的类库就是用包来实现类的分类和存放，每个包中都有多组相关的类和接口。下面将介绍如何定义和使用包，以及 Java 的系统类库。

1. 创建包

在默认情况下，系统会为每个 Java 源程序文件创建一个无名包。该 Java 文件定义的所有类都隶属于这个无名包，它们之间可以互相应用非私有的变量和方法。但由于这个包没有名字，因此不能被其他包引用，同时无名包中的类和接口也不能重名。为了解决这些问题，可以创建自己命名的包。创建包的语法格式如下：

```
package〈包名〉;
```

说明：package 是创建包的关键字，包名是包的标识符。package 语句使其所在文件中的所有类都隶属于指定的包。package 语句必须为源程序文件的第一条语句。

【例 3—27】把程序放在自定义包中。

```
package mypackage;
public class Calculate
{
    public int add( int x, int y)
    {
        return(x + y);
    }
}
```

说明：当上面的程序编译后，生成的类将存放到已建立的包 mypackage 中。编译后就创建了一个名为 mypackage 的包，类 Calculate 隶属于这个包。

在应用程序中还可以创建多层次的包，即一个包中又可以包含一个子包，要做到这一点，只要将层次中的每个包名用圆点"."分隔即可。一个创建包等级的格式如下：

```
package〈包名〉[.〈子包名 1〉.[〈子包名 2〉…]]            //建多层次的包
```

【例 3—28】子包的创建。

```
package mypackage. firstpackage. secondpackage;
public class className
{
    message( String s){
    System. out. println(s);
    }
}
```

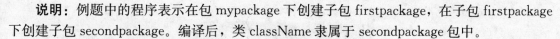

说明：例题中的程序表示在包 mypackage 下创建子包 firstpackage，在子包 firstpackage 下创建子包 secondpackage。编译后，类 className 隶属于 secondpackage 包中。

关于 package 语句做如下说明：

（1）每个 Java 源程序文件都隶属于一个包，如果程序中无 package 语句，则该源程序文件隶属于 Java 的默认无名包。如果有 package 语句，那么该源程序文件创建的类都放入 package 语句指定的包中。

（2）每个 Java 源程序文件只能有一个 package 语句，且必须是作为第一条语句存放在程序中。

（3）如要创建多级文件夹，则在包名中用圆点"."分隔，以指明包的层次。

（4）程序在执行 package 语句时，首先检查语句中指定的包（即文件夹）是否存在，如果存在，则直接使用原有文件夹；如果不存在，则建立新的文件夹。

2. 引用包

安装 JDK 时，需要给操作系统添加一个系统变量 classpath，该变量指明类库在操作系统中的位置。在引用用户自定义包的时候同样需要设置路径，把自定义包的路径添加到 classpath 中，不同的路径用"；"隔开，通过 import 语句方便地引用包。在引用 classpath 时符号"."代表当前目录，即应用程序所在的目录。在设置 classpath 时符号"."必不可少，因为我们在编程的时候习惯把自定义的包与程序放在同一个目录中，将包当前目录设置到引用包的路径中，自定义包就不需要单独设计导入路径，直接使用即可。

需要说明的是，java. lang 包中的最基本应用是系统自动加载的，不需显示的用 import 语句导入就可以使用其中的类。当应用程序使用其他包中的类时，就需要引入这些类所在的包名，否则编译时 JDK 会提示找不到引用的类。Java 引入包中的类有两种途径：一种是直接在被使用的类前面加上完整的包名，这种方法不适合引用的类较多；另一种是通过 import 语句引用包中的类。

在引用包中类的时候要符合下面的规律：

一个类被公共访问控制符 public 修饰，声明为公共类，表明它可以被其他所有类访问和引用，程序的其他类可以创建这个类的对象，访问这个类内部的成员。一个类没有访问控制符，说明省略 friendly，具有默认的访问权限，也就是说，该类只能被同一个包中的类访问和引用。程序开发中根据需要定义类的访问权限，同一个包中的类可以相互访问和引用，但对不同包中的类只能访问被 public 修饰的类，在使用包外部的类时需要使用 import 语句引入该类。

（1）在类名前加上包名应用举例。在应用程序中，如果使用其他包中的类，可以通过在类名前加包名前缀进行说明。

【**例 3—29**】在类名前加包名前缀直接使用系统类。

```
public class JOptionPane Demo
{
  public static void main(String args[ ]){
        javax. swing. JOptionPane. showMessageDialog(null,"Hello Java!");
  }
}
```

运行结果如图 3—5 所示。

图 3—5　运行结果

说明： 本例题通过类名前加包名的方法使用 JOptionPane 类，直接引用了 javax. swing 包中的 JOptionPane 类。

（2）使用 import 语句引用需要的类。

import 语句用于为程序引入需要的类。通过 import 语句引入类后，就可以在程序中直接使用类名访问。import 语句的语法格式如下：

import〈包名〉[.〈子包名 1〉[.〈子包名 2〉…]]. 类名|接口名| ＊；

说明： import 是关键字，多个包、类或接口之间用圆点“.”分隔，“＊”表示包中所有类或接口。例如：

```
import java. awt. ＊ ;                    //引入 java. awt 包中的所有类和接口
import javax. swing. JOptionPane;        //引入 javax. swing 包中的 JOptionPane 类
import mypackage. firstpackage. secondpackage. ＊ ;
//引入自定义包 mypackage. firstpackage. secondpackage 中的所有类和接口
```

【例 3—30】创建指定的包 mypackage，将两个类 AA 和 BB 放入包中，然后编写应用程序应用这两个类文件。

```java
package mypackage;
public class AA
{
    int x,y;
    public AA(int x, int y)
    {
        this. x = x;
        this. y = y;
        System. out. println("x = " + x + " y = " + y);
    }
    public void show( ){
        System. out. println("This is class is a AA");
    }
}
package mypackage;
public class BB
{
    int a,b;
    public BB(int a, int b)
```

```
{
    this. a = a;
    this. b = b;
    System. out. println("a = " + a + " b = " + b);
}
public void show( )
{
    System. out. println("This is class is a BB");
}
}
```

说明： 将上述两个类文件分别以 AA. java 和 BB. java 为文件名存盘，假设存放在 D:\java目录下，即当前目录为 D:\java。在编译过程中，如果当前目录下没有 mypackage 子目录，则系统会自动创建子目录，子目录的名称与包名相同，在子目录 mypackage 中会产生 AA. class 和 BB. class 两个类文件。

【例 3—31】引用包 mypackage 中的类 AA 和 BB。

```
import mypackage. AA;
import mypackage. BB;
public class Example3_28{
    public static void main(String args[ ]){
        AA aa = new AA(10,20);
        aa. show( );
        BB bb = new BB(5,8);
        bb. show( );
    }
}
```

程序运行结果为：

```
x = 10 y = 20
This is class is a AA
a = 5 b = 8
This is class is a BB
```

说明： 本例中包 AA 和 BB 被引用，但是我们并没有告诉系统它们是在 D:\java 文件夹下面，系统是怎么找到它们呢？这是因为在设置 classpath 的时候我们把当前目录作为包的一个存放目录。

（四）系统类库简介

Java 的系统类库又称为应用程序编程接口（Application Programming Interface，API），系统类库中的类以包为单位分类存放。

在 JDK 的安装目录下打开路径为 docs\api 下面的 index. html 文件，可看到 Java 类库的帮助文档。这个文档对 Java 系统类库，以及系统类库中类的使用方法进行了介绍，这是类库使用最详细的文档，包括对类的属性和方法介绍，是 Java 程序员必不可少的工具，现在网络上有很多中文版的文档，读者可以自己下载。下面介绍这个文档中的常用包。Java 的常用包见表 3—2。

表 3—2   Java 的常用包

包	包中的类
Java. applet	提供了创建 applet 所需的类
Java. awt	提供了创建图形用户界面，管理图形、图像的类
Java. io	提供了输入/输出流及文件操作类
Java. lang	Java 编程语言的基本类库
Java. math	提供了数学运算的基本函数
Java. net	提供了网络通信所需的类
Java. sql	提供了访问数据源数据的类
Java. util	包括集合类、日期时间工具类等
Java. swing	提供了轻量级的图形用户界面组件

java. applet 是 Java 程序嵌入到网页中运行时使用的基础类。java. awt 包和 java. swing 包是编写桌面应用程序的基础类库，包含了常用的容器和组件，本书的项目五、项目六会详细地介绍它们的使用。java. io 包是输入/输出时使用的基础类库，项目七将学习和使用这部分知识。java. sql 是 Java 连接数据库使用的系统类库，项目八将进行介绍。java. net 包是网络编程用到的基础类库，本书将在项目十中讲解。

下面对 java. lang 包、java. math 包、java. util 包及这 3 个包中常用的类进行介绍。对于没有介绍到的类，读者在使用时可以自己查看文档学习。

1. Java. lang 包

java. lang 包中包含了建立 Java 程序的基本类，用户不需要写出导入这个包的语句，它被自动加入。下面来介绍 java. lang 包中的常用类。

（1）字符串处理的 StringBuffer 类。该类具备 String 类的功能，该类的对象可以根据需要自动调整存储空间，适合处理变长字符串。该类的方法与功能见表 3—3。

表 3—3   **StringBuffer 类的方法功能表**

类别	方法定义	功　　能
构造方法	public StringBuffer( )	构造一个不带字符的字符串缓冲区，初始容量为 16 个字符
	public StringBuffer(int length)	构造一个不带字符，但具有指定初始容量的字符串缓冲区
	public StringBuffer(String s)	构造一个字符串缓冲区，并将其内容初始化为指定的字符串
实例方法	public StringBuffer append(String s)	将指定的字符串 s 追加到字符序列后
	public StringBuffer insert(int x, String s2)	将字符串插入字符序列的位置 x 处
	public in length( )	返回长度（字符数）
	public void setLength(int newLength)	设置字符序列的新长度
	public void setCharAt(int x, char c)	将给定索引处的字符设置为 ch
	public StringBuffer replace (int start, int end, String s2)	使用给定 String 中的字符替换此序列从 start 到 end 的子字符串
	public StringBuffer delete(int start, int end)	移除此序列的从 start 到 end 的子字符串

【例 3—32】可变长字符串举例。

```
class StringDemo1
{
public static void main(String args[ ]){
        StringBuffer str = new StringBuffer("I am");
        str. append(" a student");
        System. out. println(str);
        str. insert(4," not");
        System. out. println(str);
        str. replace(11,18,"teacher");
        System. out. println(str);
        str. delete(5,8);
        System. out. println(str);
    }
}
```

程序的运行结果为：

I am a student

I am not a student

I am not a teacher

I am a teacher

（2）math 类。math 类定义了进行数学运算的方法。

①Math 类包含的部分三角函数方法见表 3—4。

表 3—4   Math 类包含的部分三角函数方法

方法定义	功　　能
public static double sin(double a)	求正弦值
public static double cos(double a)	求余弦值
public static double tan(double a)	求角的正切值
public static double acos(double a)	求角的反余弦，范围在 0.0 到 π 之间
public static double asin(double a)	求角的反正弦，范围在 $-\pi/2$ 到 $\pi/2$ 之间
public static double atan(double a)	求角的反正切，范围在 $-\pi/2$ 到 $\pi/2$ 之间

其中，参数表示以弧度计量的角度，1 度等于 π/180 弧度。

②指数函数的方法定义与功能见表 3—5。

表 3—5   指数函数方法

方法定义	功　　能
public static double exp(double a)	返回 e 的 a 次方（e^a）
public static double log(double a)	返回 a 的自然对数（$\ln(a) = \log_e(a)$）
public static double pow(double a，double b)	返回 a 的 b 次方（a^b）
public static double sqrt(double a)	返回 a 的平方根

③min、max、abs、round 和 random 方法见表 3—6。

表 3—6　　　　　　　min、max、abs、round 和 random 方法与功能表

方法定义	功　　能
public static type max(a，b)	返回 a、b 中的大数
public static type min(a，b)	返回 a、b 中的小数
public static type abs(a)	返回 a 的绝对值
public static int round(double a)	返回最接近参数的 int，即返回四舍五入后的值
public static double random( )	返回值是一个伪随机数，值介于 0～1

【例 3—33】 随机产生一个范围在 1～6 的整数，比较这个数跟给定的数是否相同，给出比较结果。

```
class MathDemo{
public static void main(String args[ ])
{
    int x = (int)(Math.random( ) * 6);
    if(x == 3)
    System.out.println("The number is 3,you win.");
    else
    System.out.println("The number is:" + x + ",you lose.");
}
}
```

（3）Object 类。Object 类是 Java 程序中所有类的直接和间接父类，也是类库中所有类的父类，包含了所有 Java 类的公共属性。下面介绍 Object 类的两个常用方法。

①equals( ) 方法。格式如下：

```
public boolean equals(Object obj);
//判断两个对象的引用是否相等。若相等则返回 true,否则返回 false
```

【例 3—34】 比较字符串是否相同。

```
class ObjectEqualsDemo
{
    public static void main(String args[ ])
    {
        String s1 = new String("abc");
        String s2 = new String("abc");
        System.out.println("用 == 比较结果");
        System.out.println(s1 == s2);
        System.out.println("用 equals(Object)比较结果");
        System.out.println(s1.equals(s2));
    }
}
```

程序的运行结果为：

用 == 比较结果

false

用 equals(Object)比较结果

true

说明： 例题中用"＝＝"比较两个对象是否为同一个对象，结果为 false，这是因为类生成的对象都是不同的个体，有单独的存储空间；用 equals（Object）比较，结果为 true，这是因为 String. equals（Object）方法直接比较了两个字符串的内容，如果相同则返回 true，否则返回 false。

②toString（）方法。toString()方法用来将一个对象转换成 String 表达式。当字符串自动转换发生时，它被用做编译程序的参照。例如，System. out. println（）调用下述代码：

```
Date now = new Date( );
System. out. println(now);
```

将被翻译成：

```
System. out. println(now. toString( ));
```

由于 java. lang. Object 包中的对象都是 Object 的子类，因此每个对象都有一个 toString（）方法。在默认状态下，返回类名称和引用的地址。许多类覆盖 toString（）以提供更有用的信息。例如，所有的数据类型类覆盖 toString（）以提供它们所代表值的字符串格式。甚至没有字符串格式的类为了调试目的，常常使用 toString（）来返回对象状态信息。

（4）数据类型类。数据类型类又称包装类，与基本数据类型（如 int、double、char、long 等）密切相关，每一个基本数据类型都对应一个包装类，均包含在 java. lang 包中，它的名字也与这个基本数据类型的名字相似。例如，double 对应的包装类为 Double。不同的是，包装类是一个类，有自己的方法，这些方法主要用来操作和处理它所对应的基本数据类型的数据。下面以 Integer 为例介绍包装类的方法及其作用。Integer 类的基本用法见表 3—7。

表 3—7   Integer 类的基本用法

类别	方法定义	功　能	举　例
构造方法	public Integer(int value)	根据一个整型数生成一个整型对象	Integer i＝new Integer(6)；
	public Integer(String s)	根据一个整型数字字符序列生成一个整型对象	Integer j＝new Integer("138")；
实例方法	public static int intValue( )	将包装类对象转换成整型数据	int j＝i. intValue( )；
	public static int parseInt(String s)	将字符串转化为整型数据	int i＝Integer. parseInt("123")；
	public static Integer valueOf(String s)	将一个字符串转化成 Integer 对象	Integer i＝Integer. valueOf("123")；
	public String toString( )	返回一个表示整型值的 String 对象	String s＝ Integer. valueOf("123"). toString( )；

【例 3—35】 数据类型类的用法举例。

```
class DataTypeDemo
{
    public static void main(String args[ ])
    {
        String s1 = "1000";
        String s2 = null;
        int betMoney = 10000;
        int myMoney = 0;
        s2 = String. valueOf(betMoney);
        myMoney = Integer. parseInt(s1);
        System. out. print(s2);
        System. out. print(myMoney);
    }
}
```

　　程序中，把整型变量 betMoney 赋值给一个字符型变量需要用到 String 类的 valueOf( ) 方法把整数转换为字符串。同样，把字符型变量 s1 赋值给一个整型变量也要用到 Integer 类的 parseInt( ) 方法，把字符转换为整数才能完成赋值。使用方法 System. out. print( ) 输出的时候，它会自动调用数据类型的 toString( ) 方法，直接把变量转换为字符串类输出。

　　其他基本类型的包装类的用法与该类的用法基本相同，读者不妨进行适当的变化后加以应用，也可参照 API 文档学习相应包装类的详细用法。在此不再一一讲述。

　　2. java. util 包

　　（1）ArrayList 类包含在 java. util 包中，ArrayList 对象是数据的列表，是长度可变的对象引用数组。ArrayList 类的使用类似于动态数组，它的方法与功能见表 3—8。

表 3—8　　　　　　　　　　　ArrayList 类的方法与功能表

类别	方法定义	功　　能
构造方法	public ArrayList( )	构造一个初始容量为 10 的空列表
	public ArrayList(int size)	使用给定长度创建一个数组列表。向数组列表添加元素时，此长度自动增加
实例方法	public int size( )	返回此列表中的元素个数
	public E get(int index)	返回此列表中指定位置的元素，E 代表取出元素的类型
	public int indexOf(object x)	返回元素在列表中首次出现的位置
	public int lastIndexOf(object x)	返回元素在列表中最后一次出现的位置
	public boolean add(E o)	将指定元素加入到列表的尾部。若加入成功，则返回 true，否则返回 false。如果此列表不允许有重复元素，并且已经包含了指定元素，则返回 false
	public boolean remove(Object o)	从此列表中移除指定元素。如果移除成功，则返回 true，否则返回 false

【例 3—36】ArrayList 类的应用举例。

把例 3—8 中 Card 类生成的对象加入到 ArrayList 类生成的数组中，并从这个数组中取出加入的这些对象。在编译这个例题的时候需要与 Card 类一起编译。

```
import java.util. * ;
class ArrayListDemo
{
    public static void main(String args[ ])
    {
    int i = - 1;
    Card card = new Card( );
    Card. setCardNumber("2009120201");
    ArrayList a = new ArrayList( );          //创建一个动态数组
    a. add(card);                            //向数组加入对象 Card
    i = a. indexOf(card);
    card = (Card)a. get(i);                  //获得索引位置为 i 的对象
    System. out. println(i);
    System. out. println(card. getNumber( ));
    card = new Card("2009120202");
    a. add(card);
    i = a. indexOf(card);
    card = (Card)a. get(i);
    System. out. println(i);
    System. out. println(card. getNumber( ));
    }
}
```

程序的运行结果为：

```
ArrayIndexOf:0
Card Number is:2009120201
ArrayIndexOf:1
Card Number is:2009120202
```

说明：ArrayList 对象的用法类似于数组，但长度可变，且数据元素的类型可为任意类型。

（2）Vector 类。Vector 类包含在 java. util 包中，Vector 类的长度可以根据需要增大或缩小，以适应创建 Vector 类后进行添加或移除项的操作。该类的方法与功能如表 3—9 所示。

表 3—9　　　　　　　　　　　　　　Vector 类的方法与功能表

类别	方法定义	功　　能
构造方法	public Vector( )	创建一个空 Vector
	public Vector(int initialCap)	创建一个空 Vector，其初始大小由 initialCap 指定，容量增量为 0
	public Vector(int initialCap, int inc)	创建一个空 Vector，初始容量由 initialCap 指定，容量增量由 inc 指定

续前表

类别	方法定义	功　能
实例方法	public void addElement(Object x)	将元素 x 加入到向量数组的尾部
	public void insertElementAt（Object x， int index)	把对象加入到向量数组的指定位置
	public ElementAt(int index)	返回指定位置的元素
	public int size( )	返回数组中的对象个数

【例 3—37】Vector 类的用法举例。

```
import java.util. * ;
class VectorDemo
{
    public static void main(String args[ ])
    {
        Vector vec = new Vector(5,2);
        vec. addElement(5);
        vec. addElement('T');
        vec. addElement("English");
        vec. insertElementAt("Chinese",2);
        vec. addElement("American");
        vec. addElement("true");
        int x = vec. size();
        for(int i = 0;i<x;i++ )
        System. out. print(vec. elementAt(i) + "");
    }
}
```

程序的运行结果为：

5 T Chinese English American true

综合实训三　账户类的实现

【实训目的】

通过本实训项目使学生学会面向对象的基本思想，并具备使用面向对象的思想分析问题、解决问题的能力。

【实训情景设置】

用户到银行 ATM 取款机上取款，输入卡号、密码通过验证后，就可以实现存款、取款、余额查询、修改密码、查看用户信息等操作。下面通过账户类来实现这些功能。

【项目参考代码】

Card 类见任务一。

User 类见任务二。

Tools 类见任务三。

下面是账户类 Acount：

```java
class Account
{
    private String password = null;
    private double money = 0. 0;
    private User user = new User( );

    Account( )                                          //账户类的构造方法
    {
    }
    Account(String password, double money, User user)
    {
        this. password = password;
        this. money = money;
        this. user = user;
    }
    void setPassword(String password)                   //访问类中被封装属性的方法
    {
        this. password = password;
    }
    String getPassword( )
    {
        return password;
    }
    void setMoney(double money)
    {
        this. money = money;
    }
    double getMoney( )
    {
        return money;
    }
    void setUser(User user)
    {
        this. user = user;
    }
    User getUser( )
    {
        return user;
    }
    void saveMoney( )                                   //存钱
    {
        System. out. println("/**************************************/");
        System. out. println("/********  输入你的存款金额   *********/");
```

```
        System. out. println("/************************************/");
        double money = 0. 0;
        money = Tools. inputDouble( );                    //从键盘上读取一个实数
        this. money + = money;
    }
    void outMoney( )                                      //取钱
    {
        double money = 0. 0;
        System. out. println("/************************************/");
        System. out. println("/*********** 输入存款金额 ***********/");
        System. out. println("/************************************/");
        money = Tools. inputDouble( );                    //从键盘上读取一个实数
        this. money - = money;
    }
    void showMoney( )                                     //显示账户余额
    {
        System. out. println("/************************************/");
        System. out. println("/***" + "  " + "账户金额" + "  " + money + " " + "元");
        System. out. println("/************************************/");
    }
    void modifyPassword( )                                //修改密码
    {
        String s1 = null;
        String s2 = null;
        while(true)
        {
            System. out. println("/************************************/");
            System. out. println("/*********** 输入新密码 ***********/");
            System. out. println("/************************************/");
            s1 = Tools. inputString( );
            System. out. println("/************************************/");
            System. out. println("/********* 请再输入一次新密码。*******/");
            System. out. println("/************************************/");
            s2 = Tools. inputString( );                   //从键盘上读取一个字符串
            if(s1. equals(s2))
            {
                password = s1;
                System. out. println("/************************************/");
                System. out. println("/*********** 修改密码成功 ***********/");
                System. out. println("/************************************/");
                return;
            }
            else
```

```java
            {
                System. out. println("/**************************************/");
                System. out. println("/********** 修改密码失败。************/");
                System. out. println("/**************************************/");
                System. out. println("/**********   请重试。  ************/");
                System. out. println("/**************************************/");
            }
        }
    }
public static void main(String[ ]args)
{
    //为卡号为 123456789 的用户开户
    Card card = new Card( );
    card. setCardNumber("123456789");
    User user = new User("张三","男","20",card);
    Acount acount = new Acount("12",10,user);
    Tools. show("请输入卡号:");                      //用户登录
    String cardNumber = Tools. inputString( );
    //验证卡号是否正确
    if(cardNumber. equals(acount. getUser( ). getCard( ). getCardNumber( )))
    {
        Tools. show("请输入密码:");
        String password = Tools. inputString( );
        if(password. equals(acount. getPassword( )))      //验证密码是否正确
        {
            while(true)
            {
                Tools. showServerInformation( );
                int i = Tools. inputInt( );
                switch(i)
                {
                case 1:
                    acount. saveMoney( );
                    break;
                case 2:
                    acount. outMoney( );
                    break;
                case 3:
                    acount. modifyPassword( );
                    break;
                case 4:
                    acount. showMoney( );
                    break;
```

```
    case 5:
        Tools. show(acount);;
        break;
    case 6:
        System. out. println("/*************************************/");
        System. out. println("/***      系统已经退出      ***/");
        System. out. println("/***        再 见        ***/");
        System. out. println("/*************************************/");
        return;
    default:
    {
        Tools. showServerInformation( );}
        }
    }
    }
    }
    }
}
```

【程序模拟运行结果】

此类需要与 Card 类、User 类、Tools 类一起编译，运行结果如图 3—6 所示。

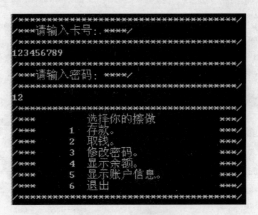

图 3—6　运行结果

拓展动手练习三

1. 练习目的

(1) 掌握继承的概念，派生类的定义。

(2) 掌握多态性的实现。

(3) 掌握接口定义和实现。

2. 练习内容

(1) 定义一个学生类 (Student)，属性包括学号、姓名、性别、年龄。用构造方法给各属性赋值，方法包括修改学号、姓名、性别、年龄以及一个 toString( ) 方法，将 Student

类中的所有属性组合成一个字符串输出。

（2）为学生类派生出一个研究生子类（GraduateStudent），研究生子类在 Student 类的属性上增加一个专业（profession）属性。构造方法在继承父类 Student 的构造方法基础上予以扩充，并增加修改专业的方法，重写父类的 toString（） 方法，使它不但能显示学生类的信息，还可以显示专业属性。

（3）设计一个人员类（Person），其中包含一个方法（pay）代表人员的工资支出。再从 Person 类派生出助教类（Assistant）、讲师类（Instructor）和教授类（Professor）。其中：

$$工资支出＝基本工资＋授课时数×每课时酬金$$

助教基本工资 2 000 元，每课时酬金 35 元；讲师基本工资 2 800 元，每课时酬金 40 元；教授基本工资 4 000 元，每课时酬金 45 元。将 pay 方法定义在接口中，设计实现多态性。

习 题 三

一、选择题

1. 定义类头（非内部类）时，不可能用到的关键字是（ ）。

   A. class   B. private   C. extends   D. public

2. 下列类头定义中，错误的是（ ）。

   A. public x extends y{...}   B. public class x extends y{...}

   C. class x extends y implements y1{...}   D. class x{...}

3. 设 A 为已定义的类名，下列声明 A 类的对象 a 的语句中正确的是（ ）。

   A. float A a;   B. public A a＝A（ ）;

   C. A a＝new int（ ）;   D. static A a＝new A（ ）;

4. 设 X、Y 均为已定义的类名，下列声明类 X 的对象 x1 的语句正确的是（ ）。

   A. public X x1＝ new Y（ ）;   B. X x1＝X（ ）;

   C. X x1＝new X（ ）;   D. int X x1;

5. 设 X、Y 为已定义的类名，下列声明 X 类的对象 x1 的语句正确的是（ ）。

   A. static X x1;   B. public X x1＝new X（int 123）;

   C. Y x1;   D. X x1＝X（ ）;

6. 有一个类 A，以下为其构造方法的声明，其中正确的是（ ）。

   A. public A（int x）{...}   B. static A（int x）{...}

   C. public a（int x）{...}   D. void A（int x）{...}

7. 有一个类 Student，以下为其构造方法的声明，其中正确的是（ ）。

   A. void Student（int x）{...}   B. Student（int x）{...}

   C. s（int x）{...}   D. void s（int x）{...}

8. Java 语言的类间的继承关系是（ ）。

   A. 多重的   B. 单重的   C. 线程的   D. 不能继承

9. 下列选项中，用于定义接口的关键字是（ ）。

   A. interface   B. implements   C. abstract   D. class

10. 以下关于 Java 语言继承的说法错误的是（ ）。

   A. Java 中的类可以有多个直接父类   B. 抽象类可以有子类

C. Java 中的接口支持多继承　　　　　　　D. 最终类不可以作为其他类的父类

11. 现有类 A 和接口 B, 以下描述中表示类 A 实现接口 B 的语句是(　　)。

A. class A implements B　　　　　　　B. class B implements A

C. class A extends B　　　　　　　　　D. class B extends A

12. 现有两个类 M、N, 以下描述中表示 N 继承自 M 的是(　　)。

A. class M extends N　　　　　　　　　B. class N implements M

C. class M implements N　　　　　　　D. class N extends M

二、填空题

1. 如果子类中的某个变量名与父类中的某个变量名完全一致, 则称子类中的这个变量_____了父类的同名变量。

2. 如果子类中的某个方法名、返回值类型和_____与父类中的某个方法完全一致, 则称子类中的这个方法覆盖了父类的同名方法。

3. 抽象方法只有方法头, 没有_____。

4. 接口中所有的属性均为_____、_____和_____的。

5. 一个类如果实现一个接口, 那么它就必须实现接口中定义的所有方法, 否则该类就必须定义为_____。

6. 在 Java 语言中用于表示类间继承的关键字是_____。

7. 下面是一个类的定义, 请将其补充完整。

```
class _____
{
    String name;
    int age;
    Student( _____ s, int i)
    {
        name = s;
        age = i;
    }
}
```

8. 下面是一个类的定义, 请将其补充完整。

```
_____ A
{ String s;
    _____ int a = 666;
    A(String s1)
    {
    s = s1;
    }
    static int geta( )
    {
    return a;
    }
}
```

三、简答题

1. 子类能够继承父类的哪些成员变量和方法？

2. this 和 super 关键字的作用是什么？

3. 什么是方法的重载？什么是方法的覆盖？

4. 什么是多态？使用多态有什么优点？

5. 什么是包？定义包的作用是什么？

6. 什么是接口？对接口中的变量和方法各有什么要求？

7. 阅读程序，回答下面的问题。

```
class AA
{
    double x = 1.1;
    double method( )
    {
        return x;
    }
}
class BB extends AA
{
    double x = 2.2;
    double method( )
    {
        return x;
    }
}
```

(1) 类 AA 和类 BB 是什么关系？

(2) 类 AA 和类 BB 中都定义了变量 x 和 method( )方法，这种情况称为什么？

(3) 若定义 AA a＝new BB( )，则 a.x 和 a.method( )的值是什么？

8. 阅读程序，回答下面的问题。

```
class AA{
    public AA( )
    {
        System.out.println("AA");
    }
    public AA(int i)
    {
        this( );
        System.out.println("AAAA");
    }
    public static void main(String args[ ]){
        BB b = new BB( );
    }
```

```
    }
class BB extends AA
{
    public BB( )
    {
        super();
        System. out. println("BB");
    }
    public BB( int i)
    {
        super(i);
        System. out. println("BBBB");
    }
}
```

(1) 程序的输出结果是什么？

(2) 若将 main( )方法中的语句改为：B b＝new B(10)，程序输出的结果是什么？

四、编程题

1.编写一个类，描述学生的学号、姓名、成绩。学号用整型，成绩用浮点型，姓名用 String 型。编写一个测试类，输入学生的学号和成绩，并显示该学号的学生姓名及成绩。

2.编写一个测试程序，首先创建一个 Student 对象，利用 setName( )方法设置 name 属性（设成自己的名字），利用 setBj( )方法设置 bj 属性（设成所在班级），然后输出自己的名字和班级，运行这个测试程序查看输出结果。

3.编写一个类，描述汽车，其中用字符型描述车的牌号，用浮点型描述车的价格。编写一个测试类，其中有一个修改价格的方法，对汽车对象进行操作，根据折扣数修改汽车的价格，最后在 main 方法中输出修改后的汽车信息。

4.编写一个 Java 应用程序，设计一个汽车类 Vehicle，包含的属性有车轮个数 wheels 和车重 weight。小车类 Car 是 Vehicle 的子类，其中包含的属性有载人数 loader。卡车类 Truck 是 Car 类的子类，其中包含的属性有载重量 payload。每个类都有构造方法和输出相关数据的方法。

5.定义一个接口 CanFly，描述会飞的方法 public void fly( )，分别定义类飞机和鸟，实现 CanFly 接口。定义一个测试类，测试飞机和鸟，在 main 方法中创建飞机对象和鸟对象，让飞机和鸟起飞。

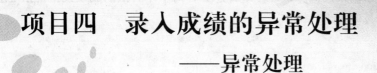

项目四　录入成绩的异常处理

——异常处理

技能目标

能够预先考虑、发现并能处理程序中出现的异常。

知识目标

Java 异常的概念；

Java 异常处理的机制；

处理异常关键字的使用；

异常类。

项目任务

本项目完成成绩管理系统中与成绩录入有关的异常处理功能，要求对输入的成绩进行判断，检查出非法数据。

例如，成绩只能由数字组成，如果出现异常，则应该有相应处理。

项目解析

成绩输入看上去是一项非常简单的工作，但是在输入过程中，也可能会出现非法的数据。如果这些非法数据被输入数据库，会给以后的统计排序工作造成很大的障碍。因此，我们需要完善成绩输入程序并对非法数据进行识别和处理。我们可以在程序中每次都对输入的数据进行检测，判断是否合法，然后做出相应的处理。由于 Java 有相应的处理异常语句，所以我们可以把非法语句看做是异常，而这部分代码可以放到处理异常的语句中。本程序会涉及以下内容：try-catch 语句、throw 和 throws 关键字，以及前面已经学习过的控制语句等知识。

一、问题情景及实现

考试结束后，要把成绩输入数据库，以便统计总分，对于不合法的成绩数据，系统应该能够发现并且做出处理。具体实现代码如下：

```java
import java.util. * ;
public class TestException
{
  public static void main(String[ ]args)
  {
    int network,dataBase,java,total = 0;
    try                                    //try 语句块
    {
        System.out.println("输入 3 门课的成绩:");
        network = Integer.parseInt(args[0]);
        dataBase = Integer.parseInt(args[1]);
        java = Integer.parseInt(args[2]);
        total = network + dataBase + java;
        System.out.print("该生 3 门课的总成绩为:" + total);
    }
    catch (NumberFormatException nfe)       //捕获数字格式异常
    {
        System.out.println("数字格式异常:程序只能接受整数参数");
    }
    catch (ArithmeticException ae)          //捕获算术运算异常
    {
        System.out.println("算术异常");
    }
    catch (Exception e)
    {
        System.out.println("不可知异常");
    }
    finally
    {
    }
  }
}
```

知识分析

本程序中出现了语句块 try、catch、finally，它们都是 Java 中异常处理的关键字。本程序体现了这 3 个语句块分别实现的功能。下面我们来了解 Java 中异常处理的相关知识。

二、相关知识：异常的概念、异常处理机制、异常类和异常的处理

随着计算机知识的发展，各类计算机语言的功能都比以前更加强大和完善。但是，大多数程序不可避免地存在漏洞。我们都知道，捕获错误最理想的时机是在编译期间，即在程序运行前找到错误并解决。然而，在实际的程序设计过程中，并非所有错误都能在编译期间被检测发现。因此，大多数高级程序设计语言都提供了异常处理机制。Java 提供了一种比较灵活的异常处理机制。异常即异常事件，它是 Java 程序运行过程中遇到异常情况所激发的事件，它会输出错误信息，Java 提供的异常处理机制可以使程序知道如何正确地处理遇到的问题。

（一）异常的概念

什么是异常？Java 中关于异常的概念范畴比较广，很多种情况都可以归结到异常的范围内。概括来说，在程序执行过程中，能够使正常程序运行中断的条件，称为异常。例如，程序中处理的数据不在预定范围之内、想要处理的文件不存在、网络连接中断等。

虽然大部分情况下出现异常将导致程序无法继续运行，但是出现了异常并不可怕，关键是找到引发异常的原因，并对此做出相应的处理，以保证程序的完整性。

在 Java 程序中，哪些因素能够引起异常的产生呢？总的来说，可以归结为以下几点：

（1）Java 虚拟机检测到了非正常的执行状态，这些状态可能是由以下几种情况引起的：

① 程序中出现了比较明显的语义错误，如对零做除法、对负数开平方根等。

② 在载入或连接 Java 程序时出错。

③ 算法太复杂，超出了某些资源限制，如使用了太多的内存导致死机等。

以上的异常都是程序员大意造成的，可以通过修改程序避免。

（2）Java 程序代码中的 throw 语句被执行。异常是程序员预置的，属于正常的程序执行。

（3）异步异常发生。异步异常的原因可能有：

①Thread 的 stop 方法被调用。

②Java 虚拟机内部出现错误。

线程和异步机制的相关内容将在后序章节中介绍。

（二）异常处理机制

程序产生异常之后，我们应该怎么处理呢？前面我们提到，Java 语言中提供了非常灵活的异常处理机制，可以分为两部分：捕获异常和处理异常。

因为 Java 程序都是在类中编写执行的，所以异常事件会根据事件的类型首先生成一个异常类对象，生成的异常对象将被传递给 Java 运行的系统，异常的产生和提交过程称为抛出（throw）异常。当 Java 运行时，系统得到一个异常对象后，会寻找处理该异常的代码。如果处理该异常的代码存在，则在找到这段代码（一般以方法的形式存在）之后，系统就会把当前异常对象交给这段代码进行处理，这一过程称为捕获（catch）异常。如果程序中不存在处理该异常的代码，则运行时系统将终止，相应地 Java 程序也将自动退出，后面的代码也不会被执行。

与 Java 异常处理机制相关的关键字有 5 个，分别是 try、catch、finally、throw 和 throws，这些内容将在本章的后面部分详细介绍，下面先概括介绍它们的工作原理。

在 Java 程序中，所有被监测的程序语句序列应该包含在 try 代码块中，或者说有可能产

生异常的程序语句序列会包含在 try 代码块中。如果 try 代码块有异常发生，那么就要抛出相应的异常类对象。我们可以用 catch 来捕获这个异常，完善的 catch 代码块中应该有处理异常类对象的语句。最后，从 try 代码块退出时，可以把需要执行的代码放在 finally 代码块中。如果我们在程序中使用 try-catch 语句，那么 try-catch 必须在程序中同时出现，而 finally 是可选的，不必每次都出现。

try 代码块中的异常都是由系统自动抛出的，如果程序员知道什么时候会产生异常，需要手动抛出异常，则可以使用关键字 throw 抛出异常，并由 catch 捕获处理。在一些情况下，方法也可以声明抛出异常，此时必须使用 throws 语句指定抛出异常的类型。

（三）异常类

在程序产生异常后，系统会根据异常的类型产生一个异常类对象。在 Java 中定义了哪些异常类呢？图 4—1 描述了 Java 异常类和错误类的继承结构，其中，Throwable 类是 Error 类（错误类）和 Exception 类（异常类）的父类，它的父类是 Object 类。Exception 类、Error 类和 Throwable 类都来自于 java. lang 包。

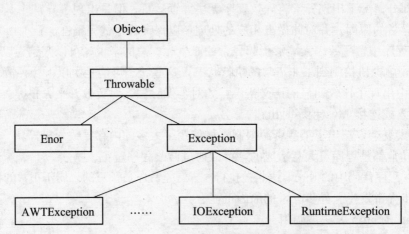

图 4—1　Java 异常类和错误类的继承结构

异常可以分为执行异常（RuntimeException）和检查异常（CheckedExceptions）两种。下面将对这些异常进行详细介绍。

1. 执行异常

执行异常也称为运行时异常，所有执行异常类都继承 RuntimeException 类。这些异常都是自动抛出的，Java 编译器允许程序不对它们做出处理。执行异常主要有：

ArithmeticException：不寻常算术运算产生的异常。

ArrayStoreException：存入数组的内容数据类型不一致产生的异常。

ArrayIndexOutOfBoundsException：数组索引超出范围产生的异常。

ClassCastExcption：类对象强迫转换造成不当类对象产生的异常。

IllegalArgumentException：程序调用时，返回错误自变量的数据类型。

IllegalThreadStateException：线程在不合理状态下运行时产生的异常。

NumberFormatException：字符串转换数值时产生的异常。

IllegalMonitorStateException：线程等候或通知对象时产生的异常。

IndexOutOfBoundsException：索引超出范围产生的异常。

NegativeException：数组建立负值索引产生的异常。

NullPointerException：对象引用参考值为 null 产生的异常。

SecurityException：违反安全产生的异常。

2. 检查异常

除了执行异常外，其余的异常都属于检查异常，也称为非运行时异常，检查异常类都在 java. lang 包内定义。Java 编译器要求程序必须捕获或者声明抛出这类异常。检查异常类主要有：

ClassNotFoundException：找不到类或接口所产生的异常。

CloneNotSupportedException：使用对象的 clone 方法但无法执行 Cloneable 产生的异常。

IllegalAccessException：类定义不明确产生的异常。

InstantiationException：使用 newInstance 方法试图建立一个类 instance 时产生的异常。

InterruptedException：当前线程等待执行，另一线程中断当前线程时产生的异常。

（四）异常的处理

1. try-catch-finally 用法

try-catch-finally 是 Java 中最常见的处理异常的模式，其书写形式如下：

```
try{
      //try 语句块中的语句
}
catch(Exception1 e1){
      //处理异常 Exception1 的语句
}
catch(Exception2 e2){
      //处理异常 Exception2 的语句
}
……
catch(ExceptionN en){
      //处理异常 ExceptionN 的语句
}

[finally{
      //finally 语句块中的语句
}]
```

从上述形式我们可以看出，一般情况下，一个 try-catch-finally 语句可以包括一个 try 语句块、多个 catch 语句块和一个可选的 finally 语句块。try、catch 和 finally 语句块分别执行不同的功能，其中：

try 语句用一对大括号 {} 指定一段代码，该段代码可能会抛出一个或多个异常。换句话说，大家可以把可能会抛出异常的语句写到 try 语句块中，一旦有异常发生，程序会在当前位置停止，不再执行 try 语句块中后面的代码，同时跳出 try 语句块，进入相应的 catch 语句块继续执行。

catch 语句的书写格式与方法的声明格式非常类似，catch 关键字后面带有一对小括号，其中的参数是某个异常类的对象，上述书写形式中所列举的 Exception1，Exception2，…，ExceptionN 是不同的异常类，这些异常类可以是 Java 类库中已经定义的异常，也可以是用户自己定义的异常，它们指明本 catch 语句块所能处理的异常类型，或者是 catch 语句块所能捕获的异常类型。catch 语句可以有多个处理不同类型的异常。在 try 语句块抛出异常后，系统会按照从上到下的顺序分别对每个 catch 语句块中处理的异常类型进行检测，直到找到与 try 语句块抛出异常类型相匹配的 catch 语句为止。我们这里所说的类型匹配是指 catch 所处理的异常类型与生成的异常对象类型完全一致。catch 语句的排列顺序应该是从特殊到一般，最后一个 catch 语句块的参数通常是 Exception 对象，因为 Exception 是所有异常类的父类，即使 try 语句块抛出的异常与 catch 语句块处理的异常都不匹配，也仍然可以由最后一个 catch 语句块来处理。

无论 try 语句块中是否抛出异常，也不管 catch 语句块是否捕获到异常，finally 语句块可以指定一段代码，该代码是必须执行的。finally 语句块中的语句通常比较固定，做的都是一些清除资源的工作，如关闭文件或者数据流。另外，finally 语句块是可选的，程序中没有它也可以。但是，只要出现了 try 语句块，则后面至少应该有一个 catch 语句块，否则会出现编译错误。

在具体实现的例子中，我们演示了 try-catch-finally 语句的用法。在 try 语句块后面跟了多个 catch 语句块，分别处理不同的异常情况。大家可以输入不同的错误或者非正常数值来进行验证。

2. throw 关键字用法

throw 关键字通常用在方法体中，作用是抛出一个异常类对象。使用 throw 抛出异常本身就是一条语句，在程序中书写时，末尾要加分号。当程序执行到 throw 语句时立即停止，它后面的语句也不再执行，如果要捕捉并且处理 throw 抛出的异常，则必须有相应的 try-catch 语句。当然，通过 throw 抛出异常后，我们也可以在上一级代码中捕获并处理该异常，这时需要在抛出异常的方法中使用 throws 关键字并在方法声明中指明要抛出的异常。下面我们来看一个使用 throw 抛出异常的例子。

【例 4—1】 求阶乘。

```java
public class Factorial {
    public static int factorial(int x) {
        int result = 1;
        if (x < 0) {
        //抛出非法变量异常
        throw new IllegalArgumentException("不能对负数求阶乘!");
        }
        for (int i = 2; i <= x; i++) {
        result *= i;
        }
        return result;
    }
    public static void main(String args[ ]) {
        System. out. print(factorial( -10));
    }
}
```

说明：这是一个简单的计算阶乘的题目，在对某个数值进行阶乘计算时，程序首先进行判断，如果是负数，则通过 throw 关键字抛出一个 IllegalArgumentException 异常，特指参数不合法或者不正确。

3. throws 关键字用法

throws 用于抛出方法层次的异常，并且直接由这些方法调用异常处理类来对该异常进行处理，它常用在方法的声明后面。使用 throws 也可以同时抛出多个异常，各个异常类之间用逗号隔开。例如：

```
public static void main(String[ ]args) throws IOExcption,ArithmeticException
```

另外，某些方法通过 throws 声明抛出若干异常，但是该方法本身不能处理这些异常，那么它可以把异常上抛，即把异常抛给调用该方法的方法进行处理，如果此方法仍然不能处理，则可以继续上抛。

【例 4—2】方法调用演示。

```
public class TestThrows
{
    public static void f2( ) throws Exception              //f2 抛出 Exception 异常
    {
        System. out. println("进入方法 2");
        throw new Exception("在方法 2 中产生异常");
    }
    public static void f1( )
    {
      System. out. println("进入方法 1");
        try{
            f2( );
        }
        catch (Exception e)
        {
          System. out. println(e. getMessage( ));
        }
        System. out. println("退出方法 1");
    }
    public static void main(String arg[ ])
    {
        System. out. println("进入 main 方法");
        f1( );
        System. out. println("退出 main 方法");
    }
}
```

说明：程序定义了 f1( )和 f2( )两个方法，在 f1( )方法中调用 f2( )方法，f2( )方法用 throws 关键字声明抛出异常，当执行 f2( )方法体中的 throw 语句时，因为 f2( )方法自身无法处理异常，所以把异常上抛给调用它的 f1( )方法，由 f1( )方法来处理异常。

三、知识拓展

Java 类库中定义了很多异常类，基本上可以满足我们的需求。但是，在某些情况下，程序人员可能要根据实际情况创建异常类，最简单的方法就是创建 Exception 类（或者其子类）的子类来实现。

【例 4—3】求圆的面积。

```java
class Radius_Exception extends Exception{                      //创建 Exception 子类
    public String getMessage( ){
        return "半径不能为负数";
    }
}
public class CircleArea{
    static double area;
    static final double PI = 3.1415926;
    //声明抛出自定义异常
    public static void getArea(double r) throws Radius_Exception{
        if(r<0){
            throw new Radius_Exception( );
        }
        area = PI * r * r;
        System.out.println("圆的面积是:" + area);
    }
    public static void main(String[ ]args){
        try{
            getArea(10);
            getArea(-10);
        }
        catch(Radius_Exception re){
            System.out.println(re.getMessage( ));
        }
    }
}
```

在本题目中，我们自己定义了一个异常 Radius_Exception，用来判断圆半径是否合法，运行结果如下：

圆的面积是:314
半径不能为负数

综合实训四　成绩异常处理的实现

【实训目的】

通过本实训项目，使学生能较好地理解异常的概念、掌握异常处理机制，并能熟练掌握

try-catch 语句和 throw、throws 的用法。

【实训情景设置】

期末考试结束之后，学校需要把学生的成绩输入数据库。在输入的过程中，由于工作人员的大意，有可能出现非法的分数值，比如负数、超出正常分数段范围的分数等。本实训就是以此为基础，提供了处理这些异常的代码。

【项目参考代码】

```java
import javax.swing. * ;
//定义低于 0 分的异常
class LowMarkException extends Exception                //自定义异常 LowMarkException
{
        public LowMarkException ( )
        {
            super("分数低于 0 分异常");
        }
        public void printMessage( )
        {
            System.out.println("分数不能低于 0 分");
        }
}

//定义高于 100 分的异常
class HighMarkException extends Exception                //自定义异常 HighMarkException
{
        public HighMarkException ( )
        {
            super("分数高于 100 分异常");
        }
        public void printMessage( )
        {
            System.out.println("分数不能高于 100 分");
        }
}
public class ExceptionDemo
{
        static final int number = 2;
        int score[ ] = new int[number];
        //检查分数是否合法，抛出相应的异常
        public void check(int mark) throws LowMarkException,HighMarkException
        {
            if(mark >100) throw new HighMarkException( );
            if(mark <0) throw new LowMarkException( );
            System.out.println("分数 = " + mark);
        }
```

```java
//录入分数操作
public void input( ){
    int i;
    for(i = 0;i<number;i ++ )
    {
        try
        {
            score[i] = Integer. parseInt(JOptionPane. showInputDialog("请输入第" + (i + 1) +
            "个同学的成绩"));
        }
        catch(Exception e)
        {
            System. out. println("非整数数据,请重新输入");
            JOptionPane. showMessageDialog(null,"请重新输入第" + (i + 1) + "个同学的成
            绩");
            i-- ;
            continue;
        }
        try{
            check(score[i]);
        }
        catch(HighMarkException e){
            e. printMessage( );
            JOptionPane. showMessageDialog(null,"请重新输入第" + (i + 1) + "个同学的成
            绩");
            i-- ;
            continue;
        }
        catch(LowMarkException e){
            e. printMessage( );
            JOptionPane. showMessageDialog(null,"请重新输入第" + (i + 1) + "个同学的成
            绩");
            i-- ;
            continue;
        }
    }
}
//输出分数操作
public void output( )
{
    int i;
    for(i = 0;i<number;i ++ )
    {
```

```
        System. out. println("第" + (i + 1) + "名同学成绩为:" + score[i]);
        }
    }
    public static void main(String arg[ ])
    {
        ExceptionDemo demo = new ExceptionDemo( );
        demo. input( );
        demo. output( );
    }
}
```

【程序模拟运行结果】

编译程序后开始运行，出现如图 4—2 所示的界面。

图 4—2　程序结果

依次输入测试数据：88.88、8o、123、—66、60、100，得到如图 4—3 所示的结果。

图 4—3　程序结果

拓展动手练习四

1. 练习目的

（1）熟悉异常抛出与捕获的含义。

（2）了解 Java 异常处理机制。

（3）掌握异常捕获与处理的方法。

（4）能根据实际情况自定义异常类。

2. 练习内容

（1）编写程序，要求输入若干整数，输入的同时计算前面输入各数据的乘积，若乘积超过 100 000，则认为是异常，捕获这个异常并处理。

（2）编写一个登录界面，要求账户名只能由 1 至 10 位数字组成，密码只能有 6 位，任何不符合账户名和密码要求的情况都视为异常，必须捕获并处理异常，试编写程序实现。

习 题 四

一、选择题

1. finally 语句块中的代码（　　　）。

    A. 总是被执行的

    B. 当 try 语句块后面没有 catch 语句块时，finally 语句块中的代码才会执行

    C. 异常发生时才被执行

    D. 异常没有发生时才被执行

2. 抛出异常时，应该使用的语句是（　　　）。

    A. throw   B. catch   C. finally   D. throws

3. 自定义异常类时，可以继承的类是（　　　）。

    A. Error   B. Applet

    C. Exception 及其子类   D. AssertionError

4. 在异常处理中，将可能抛出异常的方法放在（　　　）语句块中。

    A. throws   B. catch   C. try   D. finally

5. 对于 try{…}catch 子句的排列方式，下列正确的一项是（　　　）。

    A. 子类异常在前，父类异常在后   B. 父类异常在前，子类异常在后

    C. 只能有子类异常   D. 父类异常与子类异常不能同时出现

6. 下列关于 try、catch 和 finally 的表述中，错误的是（　　　）。

    A. try 语句块后必须紧跟 catch 语句块   B. catch 语句块必须紧跟在 try 语句块后

    C. 可以有 try 但无 catch   D. 可以有 try 但无 finally

7. 下列描述中，错误的是（　　　）。

    A. 一个程序抛出异常，任何运行中的程序都可以捕获。

    B. 算术溢出需要进行异常处理。

    C. 在方法中检测到错误但不知如何处理时，方法就声明异常。

    D. 没有被程序捕获的异常最终默认被处理程序处理。

8. 使用 catch(Exception e) 的好处是（　　　）。

    A. 只会捕获个别类型的异常

    B. 捕获 try 语句块中产生的所有类型的异常

    C. 忽略一些异常

    D. 执行一些程序

9. 下列关于异常处理机制的叙述正确的是（　　　）。

    A. 只有 catch 捕捉到异常情况时，才会执行 finally 部分。

B. 当 try 语句块的程序发生异常时，才会执行 catch 语句块的程序。

C. 不论程序是否发生错误或捕捉到异常情况，都会执行 finally。

D. 以上都正确。

二、填空题

1. 一个 try 语句块后必须跟_____语句块，_____语句块可以没有。

2. 自定义异常类必须继承_____类或其子类。

3. 异常处理机制允许根据具体的情况选择在何处处理异常，可以在_____捕获并处理，也可以用 throws 子句把它交给_____处理。

4. 数组下标越界对应的异常类是_____。

5. 为达到高效运行的要求，_____的异常可以直接交给 Java 虚拟机系统来处理，而类派生出的非运行异常，则要求编写程序捕获或者声明。

三、编程题

1. 从键盘输入 5 个数，求出 5 个数的阶乘之和。若输入负数，则产生异常并进行相应的处理。

2. 设计自己的异常类，从键盘输入 1 个数，若输入的数不小于 0，则输出它的平方根；若小于 0，则输出提示信息"输入错误"。

提示：求平方根的方法为 Math. sqrt(int x)。

项目五 图形化学生信息输入功能的实现

——组件和事件的处理机制

技能目标

能运用布局管理器及各种可视组件设计应用程序图形界面。

知识目标

掌握容器组件的布局样式；

掌握常用可视组件的用法；

掌握事件驱动机制。

项目任务

本项目完成输入学生的姓名、性别、个人爱好与籍贯信息并输出。学生信息的输入是借助于图形化的用户界面实现的。为方便用户输入信息，在图形化界面中使用了很多的可视组件，如图 5—1 所示。当用户根据提示输入了个人信息并单击了"确定"按钮后，信息将自动追加到相应区域中并显示出来。

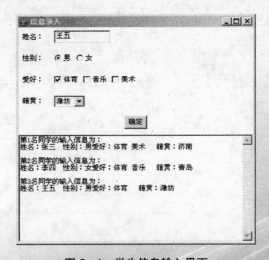

图 5—1 学生信息输入界面

项目解析

要实现如图 5—1 所示的学生信息输入功能，首先应设计出基本的界面，然后用户根据提示输入数据，如果输入正确，单击"确定"按钮后输入的信息则会出现在文本区中。根据项目功能，可把项目分成两个任务：任务一是学生信息的输入界面设计，任务二是学生信息输入后的数据输出。

任务一 学生信息的输入界面设计

一、问题情景及实现

在学生信息管理系统中，有许多的学生信息要输入并保存到计算机中。在本任务中我们要输入学生的姓名、性别、爱好、籍贯等信息，如果采用 Scanner 对象输入，则输入错误后难以修改。因此可以设计一个如图 5—2 所示的输入界面，数据输入到文本框后只要不单击"确定"按钮就可随时修改。

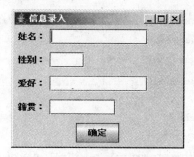

图 5—2 图形输入界面

具体实现代码如下：

```java
import javax.swing.*;
import java.awt.*;
public class InputData
{
JFrame frame;
JLabel lXm,lXb,lAh,lJg;                    //声明标签组件
JTextField tXm,tXb,tAh,tJg;                //声明文本行组件
JPanel p1,p2,p3,p4,p5;                     //声明面板组件
JButton button;                            //声明按钮组件
public InputData( )
{
frame = new JFrame("信息录入");            //创建框架对象
lXm = new JLabel("姓名:");                 //创建标签对象
lXb = new JLabel("性别:");
lAh = new JLabel("爱好:");
```

```
                lJg = new JLabel("籍贯:");
                tXm = new JTextField(12);                        //创建文本行对象
                tXb = new JTextField(4);
                tAh = new JTextField(12);
                tJg = new JTextField(8);
                button = new JButton("确定");                    //创建按钮对象
                frame. setLocation(100,100);
                frame. setSize(240,200);
                p1 = new JPanel( );                              //创建面板对象
                p1. setLayout(new FlowLayout(FlowLayout. LEFT));  //设置面板布局
                p2 = new JPanel( );
                p2. setLayout(new FlowLayout(FlowLayout. LEFT));
                p3 = new JPanel( );
                p3. setLayout(new FlowLayout(FlowLayout. LEFT));
                p4 = new JPanel( );
                p4. setLayout(new FlowLayout(FlowLayout. LEFT));
                p5 = new JPanel( );
                p1. add(lXm); p1. add(tXm);                      //将组件加入面板中
                p2. add(lXb); p2. add(tXb);
                p3. add(lAh); p3. add(tAh);
                p4. add(lJg); p4. add(tJg);
                p5. add(button);
                Panel p = new Panel( );
                p. setLayout(new GridLayout(5,1));
                p. add(p1); p. add(p2); p. add(p3); p. add(p4); p. add(p5);
                frame. add(p);
                frame. setVisible(true);
        }
        public static void main(String args[ ])
        {
                new InputData( );
        }
    }
```

 知识分析

要设计学生信息输入界面，必须先学习可视组件与非可视组件的用法。图5—2中的可视组件有标签、文本框、按钮等，非可视组件有布局管理器。

二、相关知识：Component 组件、容器组件、布局管理器和常用可视组件

Java 早期进行用户界面设计时，使用 java. awt 包中提供的类，如 Button（按钮）、TextField（文本框）等组件类，AWT 就是 Abstract Window Toolkit（抽象窗口工具包）的缩写。AWT 有两大缺点：

（1）只提供按钮、滚动条等最基本的组件，而不提供 TreeView 等现代化 GUI 组件，并且 AWT 组件只提供最基本的功能，如按钮上只能出现文字不能出现图形。

（2）不能跨平台。AWT 组件通过相应的本地组件（又称同位体）与操作系统沟通。

Java 2（JDK1.2）推出之后，增加了一个新的 javax. swing 包，该包提供了功能更为强大的用来设计 GUI 界面的类。Swing 组件不但解决了 Java GUI 不能跨平台的问题，也提供了许多新的组件，可以组合出复杂的用户界面。但 Swing 组件不能取代 AWT 组件，因为 Swing 是架构在 AWT 之上的，没有 AWT 就没有 Swing。它只能替代 AWT 的用户界面组件，辅助类仍保持不变，依然使用 AWT 的事件模型。

（一）Component 组件

图 5—3 中展示了多种组件之间的继承关系，在所有的类中，Component 类是所有类的父类，javax. swing 包中 JComponent（轻组件）类是 java. awt 包中 Container 类的一个直接子类、Component 类的一个间接子类。

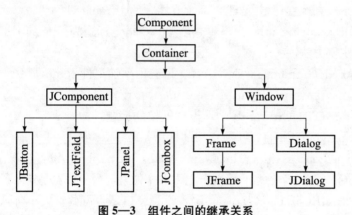

图 5—3 组件之间的继承关系

在学习 GUI 编程时，必须很好地理解两个概念：组件类（Component）和容器类（Container）。

（1）Component 类是其他组件类的父类。在 Java 中由 Component 类的子类或间接子类创建的对象称为一个组件。该类的一些方法可直接继承到子类中。组件类的常用方法如下：

①public void setFont(Font f)：设置组件的字体。

②public void setForeground(Color r)：设置组件的前景色。

③public void setLocation(int x,int y)：设置组件的显示位置。

④public void setSize(int width,int height)：调整组件的大小，使其宽度为 width，高度为 height。

⑤public void setVisible(boolean b)：根据参数 b 的值显示或隐藏此组件。

⑥public Color getForeground( )：获得组件的前景色。

⑦public Font getFont( )：获得组件的字体。

⑧public Color getBackground( )：获得组件的背景色。

⑨public int getHeight( )：返回组件的当前高度。

⑩public void invalidate( )：使此组件无效。

（2）在 Java 中由 Container 的子类或间接子类创建的对象称为容器。容器类的常用方法如下：

①public void add( )：将组件添加到该容器中。

②public void removeAll( )：删除容器中的全部组件。

③public void remove(Component c)：删除容器中参数指定的组件。

④public void validate( )：当容器添加或删除组件时，调用 validate( )方法，以保证容器中的组件能正确显示出来。

由于容器组件是容纳其他可视组件的，故在此介绍几个容器组件。

（二）容器组件

1．框架（JFrame）

框架是一个不被其他窗体所包含的独立窗体，是在 Java 图形化应用中容纳其他用户接口组件的基本单位。JFrame 类用来创建窗体。

（1）框架的构造方法。

①public JFrame( )：声明并创建一个没有标题的 JFrame 对象。

②public JFrame(String title)：声明并创建一个指定标题为 title 的 JFrame 对象。

（2）框架的实例方法。

①public void add(Component comp)：在框架中添加组件 comp。

②public void setLayout(LayoutManager mgr)：设置布局方式。

③public void setTitle(String title)：设置框架的标题。

④public String getTitle( )：获取框架的标题。

⑤public void setBounds（int a，int b，int width，int height)：设置出现在屏幕上的初始位置(a，b)，即距屏幕左面 a 个像素、距屏幕上方 b 个像素，窗口的宽是 width，高是 height。

⑥public void setResizable（boolean b）：设置窗口是否可调整大小，默认窗口是可以调整大小的。

⑦public void setDefaultCloseOperation（int operation）：单击窗体右上角的关闭图标后，程序做出处理。其中，operation 取值及实现的功能如下：

JFrame. DO _ NOTHING _ ON _ CLOSE：什么也不做。

JFrame. HIDE _ ON _ CLOSE：隐藏当前窗口。

JFrame. DISPOSE _ ON _ CLOSE：隐藏当前窗口，并释放窗体占有的其他资源。

JFrame. EXIT _ ON _ CLOSE：结束窗体所在的应用程序。

【例 5—1】建立一个框架。

```
import javax. swing. * ;
import java. awt. * ;
public class MyFrame
{
    public static void main(String args[ ])
    {
        JFrame f = new JFrame("第一个窗口程序");          //JFrame 在 javax. swing 包中
        f. setSize(220,140);
```

```
    f. setLocation(300,200);
    f. setBackground(Color. green);                    //Color 在 java. awt 包中
    f. setVisible(true);
    f. setDefaultCloseOperation(JFrame. EXIT_ON_CLOSE);    //按关闭则退出程序
  }
}
```

程序的运行结果如图 5—4 所示。

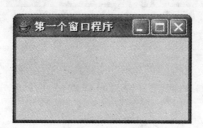

图 5—4　运行结果

2. 面板（JPanel）

面板（JPanel）是一个轻量容器组件，用于容纳界面元素，以便在布局管理器的设置中可容纳更多的组件，实现容器的嵌套。虽然框架与面板都是容器，但框架可以独立显示，而面板要嵌入到框架中显示，框架带标题条、菜单条，而容器什么都不带。

【例 5—2】向框架中加入两个面板。

```
import javax. swing. * ;
import java. awt. * ;
class MyFrame
{
public static void main(String args[ ])
{
  JFrame f = new JFrame("加入面板的框架");
  f. setLayout(new GridLayout(2,1));                //把框架分上下两部分
  JPanel p1 = new JPanel( );
  JPanel p2 = new JPanel( );
  p1. setBackground(Color. red);                   //设置 p1 面板的背景色为红色
  p2. setBackground(Color. green);                 //设置 p2 面板的背景色为绿色
  f. add(p1);
  f. add(p2);
  f. setSize(220,140);
  f. setLocation(300,200);
  f. setBackground(Color. green);
  f. setVisible(true);
  f. setDefaultCloseOperation(JFrame. EXIT_ON_CLOSE);
  }
}
```

程序的运行结果如图 5—5 所示。

图 5—5　运行结果

（三）布局管理器

在较为复杂的界面中，要在程序的窗体中加入多个组件，每个组件都要有精确的位置，组件的位置由 Java 中的布局管理器来安置。当程序窗口大小发生变化时，组件的大小也由布局管理器进行调整。

Java 有多种布局管理器，在此仅介绍常用的几种。

1. 流布局（FlowLayout）

该布局按从左至右、从上至下的方式将组件加入到容器中。

（1）流布局类 FlowLayout 的构造方法。

①public FlowLayout（ ）：创建一个流布局类对象。

②public FlowLayout（int align）：创建一个流布局类对象，其中 align 表示对齐方式，其值有 3 个，分别是 FlowLayout. LEFT、FlowLayout. RIGHT、FlowLayout. CENTER，默认为 FlowLayout. CENTER。

③public FlowLayout（int align，int hgap，int vgap）：align 表示对齐方式；hgap 和 vgap 指定组件的水平和垂直间距，单位是像素，默认值为 5。

（2）设置容器布局为流布局的方法。

c. setLayout（FlowLayout layout）：将容器组件 c 的布局设为流布局。

例如，创建一个框架，若指定框架布局为流布局，则可用以下两种方式。

```
//方式一
JFrame f = new JFrame( );
FlowLayout fLayout = new FlowLayout( );
f. setLayout(fLayout);
//方式二
JFrame f = new JFrame( );
f. setLayout(new FlowLayout( ));
```

【例 5—3】使用流布局放置组件。

```
import java. awt. *;
import javax. swing. *;
public class BorderLayoutDemo
{
    public static void main(String arg[ ])
    {
```

```
        JButton b1 = new JButton("Button1");          //新建按钮组件
        JButton b2 = new JButton("Button2");
        JButton b3 = new JButton("Button3");
        JButton b4 = new JButton("Button4");
        JButton b5 = new JButton("Button5");
        JFrame win = new JFrame("FlowStyle");
        win.setLayout(new FlowLayout( ));              //设置框架为流布局
        win.add(b1);
        win.add(b2);
        win.add(b3);
        win.add(b4);
        win.add(b5);
        win.setSize(200,160);
        win.setVisible(true);
        win.setDefaultCloseOperation(JFrame.EXIT_ON_CLOSE);
    }
}
```

程序的运行结果如图 5—6 所示。

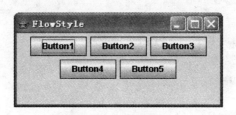

图 5—6　运行结果

2. 边界布局（BorderLayout）

边界布局将容器组件划分为 5 个区域：南（South）、北（North）、东（East）、西（West）和中（Center）。

（1）边界布局类的构造方法。

①public BorderLayout( )：创建一个边界布局管理类对象。

②public BorderLayout(int hgap, int vgap)：创建一个边界布局管理类对象。其中，hgap 和 vgap 指定组件的水平和垂直间距，单位是像素，默认值为 0。

（2）设置容器的布局为边界布局的方法。

c. setLayout（BorderLayout layout）：将容器组件 c 的布局设为流布局。若指定了容器的布局为边界布局，则向容器中加入组件，可以通过以下两种形式实现：

①add（String s, Component comp）：其中，s 代表位置，用字符串 "South"、"North"、"East"、"West"、"Center" 表示。

②add（Component comp, int x）：其中，x 是代表位置的常量值，分别是 BorderLayout.SOUTH、BorderLayout.NORTH、BorderLayout.EAST、BorderLayout.WEST、BorderLayout.CENTER。

说明：

● 在边界布局中，若向框架加入组件，如果不指定位置，则默认把组件加到了"中(Center)"区域。

● 若某个位置未被使用，则该位置将被其他组件占用。

【例 5—4】按边界布局添加 5 个按钮。

```java
import java.awt. * ;
import javax.swing. * ;
class BorderLayoutDemo
{
    public static void main(String arg[ ])
    {
        JButton north = new JButton("North");          //新建按钮组件
        JButton east = new JButton("East");
        JButton west = new JButton("west");
        JButton south = new JButton("South");
        JButton center = new JButton("Center");
        JFrame win = new JFrame("Border Style");
        win.setLayout(new BorderLayout());             //设置框架为边界布局
        win.add("North",north);
        win.add("South",south);
        win.add("Center",center);
        win.add("East",east);
        win.add("West",west);
        win.setSize(200,200);
        win.setVisible(true);
        win.setDefaultCloseOperation(JFrame.EXIT_ON_CLOSE);
    }
}
```

程序的运行结果如图 5—7 所示。

说明：框架在不设定布局样式的情况下，默认为边界布局，而面板在不设定布局样式的情况下，默认为流布局。

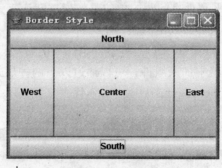

图 5—7　运行结果

3. 网格布局

网络布局将容器划分成规则的行列网格样式，组件逐行加入到网格中，每个组件大小一致。但当容器中放置的组件数超过网格数时，便自动增加网格列数，行数不变。

（1）网格布局类的构造方法。

①public GridLayout(int rows,int cols)：rows 表示网格行数，cols 表示网格列数。

②public GridLayout(int rows,int cols,int hgap,int vgap)：rows 表示网格行数，cols 表示网格列数；hgap 和 vgap 指定组件的水平和垂直间距，单位是像素。

（2）设置容器为网格布局的方法。

c. setLayout(GridLayout layout)：将容器组件 c 的布局设为网格布局。

【例 5—5】使用网格布局放置组件。

```java
import java.awt. *;
import javax.swing. *;
class GridLayoutDemo
{
    public static void main(String arg[ ])
    {
        JButton b1 = new JButton("Button1");      //新建按钮组件
        JButton b2 = new JButton("Button2");
        JButton b3 = new JButton("Button3");
        JButton b4 = new JButton("Button4");
        JButton b5 = new JButton("Button5");
        JButton b6 = new JButton("Button6");
        JFrame win = new JFrame("GridStyle");
        win. setLayout(new GridLayout(2,3));       //设置框架为网格布局
        win. add(b1);
        win. add(b2);
        win. add(b3);
        win. add(b4);
        win. add(b5);
        win. add(b6);
        win. setSize(260,160);
        win. setVisible(true);
        win. setDefaultCloseOperation(JFrame. EXIT_ON_CLOSE);
    }
}
```

程序的运行结果如图 5—8 所示。

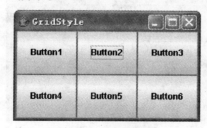

图 5—8　运行结果

4. 卡片式布局

使用 CardLayout 的容器可以容纳多个组件，但是实际上同一时刻容器只能从这些组件中选出一个，被显示的组件将占据容器的所有空间。

JTabbedPane 创建的对象称做选项卡窗格。选项卡窗格的默认布局是 CardLayout 卡片式布局。

选项卡窗格可以使用 add( ) 方法：

add(String text,Component c);

add( ) 方法将组件 c 添加到容器中，并指定与该组件 c 对应的选项卡的文本提示是text。

使用构造方法 public JTabbedPane(int place) 创建的选项卡窗格的选项卡的位置由参数place 指定，其值为 JTabbedPane. TOP、JTabbedPane. BOTTOM、JTabbedPane. LEFT、JTabbedPane. RIGHT。

【例 5—6】利用选项卡窗格使用卡片布局。

```java
import java. awt. * ;
import javax. swing. * ;
public class CardLayoutDemo
{
    public static void main(String arg[ ])
    {
        JFrame win = new JFrame("CardStyle");
        JTabbedPane p = new JTabbedPane(JTabbedPane. LEFT);
        //创建选项卡窗格
        for(int i = 1;i<= 3;i++ )
        {
            p. add("观看第" + i + "个按钮",new JButton("按钮" + i));
        }
        win. add(p);                                //将选项卡窗格加入框架中
        win. setSize(260,160);
        win. setVisible(true);
        win. setDefaultCloseOperation(JFrame. EXIT_ON_CLOSE);
    }
}
```

程序的运行结果如图 5—9 所示。

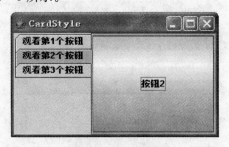

图 5—9　运行结果

（四）常用可视组件

在图形界面中有大量的可视组件供我们使用，下面我们先学习几种最常用的组件用法。

1. 按钮（JButton）

按钮是一个常用组件，按钮可以带标签或图像。

（1）按钮的常用构造方法。

①public JButton(Icon icon)：按钮上显示图标。

②public JButton(String text)：按钮上显示的文本为 text。

③public JButton(String text, Icon icon)：创建名字为 text 且带有图标 icon 的按钮。

（2）按钮的常用实例方法。

①public void setText（String text）：按钮调用该方法可以重新设置当前按钮的名字，名字由参数 text 指定。

②public String getText( )：按钮调用该方法可以获取当前按钮上的名字。

③public void setIcon(Icon icon)：按钮调用该方法可以重新设置当前按钮上的图标。

2. 标签（JLabel）

JLabel 类负责创建标签对象，标签用来显示信息，但没有编辑功能。

（1）标签的常用构造方法。

①public JLabel( )：创建没有名字的标签。

②public JLabel(String s)：创建名为 s 的标签。

③public JLabel(String s, int alignment)：创建名为 s，对齐方式是 alignment 的标签。alignment 取值为 JLabel. LEFT、JLabel. RIGHT、JLabel. CENTER。

④public JLabel (Icon icon)：创建具有图标 icon 的标签，icon 在标签中靠左对齐。

（2）按钮的常用实例方法。

①public String getText( )：获取标签的名字。

②public void setText(String s)：设置标签的名字 s。

③public void setIcon(Icon icon)：设置标签的图标 icon。

3. 文本框（JTextField）

JTextField 创建的一个对象是一个文本框。用户可以在文本框中输入单行的文本。

（1）文本框的主要构造方法。

①public JTextField(int x)：文本框的可见字符个数由参数 x 指定。

②public JTextField(String s)：文本框的初始字符串为 s。

（2）文本框的常用实例方法。

①public void setText(String s)：设置文本框中的文本为参数 s 指定的文本。

②public String getText( )：获取文本框中的文本。

③public void setEditable(boolean b)：指定文本框的可编辑性。

【例 5—7】设计一个加法器界面。

```
import javax. swing. * ;
import java. awt. * ;
class AddDemo extends JFrame
{ JLabel b1,b2;
  JTextField t1,t2,t3;
```

```
        JButton bt;
        public AddDemo( )
          {
            b1 = new JLabel("加数 1:",JLabel.CENTER);
            b2 = new JLabel("加数 2:",JLabel.CENTER);
            b1.setBorder(BorderFactory.createEtchedBorder( ));        //设定标签带边框
            b2.setBorder(BorderFactory.createEtchedBorder( ));
            t1 = new JTextField(6);
            t2 = new JTextField(6);
            t3 = new JTextField(6);
            t3.setEditable(false);                                    //设置记录和的文本框不可编辑
            bt = new JButton("求和");
            setLayout(new GridLayout(3,2));
            add(b1);
            add(t1);
            add(b2);
            add(t2);
            add(bt);
            add(t3);
            setSize(200,160);
            setVisible(true);
            setDefaultCloseOperation(JFrame.EXIT_ON_CLOSE);
          }
        public static void main(String arg[ ])
          {
              new AddDemo( );
          }
    }
```

程序的运行结果如图 5—10 所示。

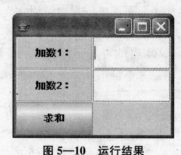

图 5—10　运行结果

任务二　学生信息输入后的数据输出

一、问题情景及实现

在学生信息管理系统中，要输入学生的姓名、性别、个人爱好、籍贯等信息，只有姓名需要从键盘输入，其他信息如果也由键盘输入，势必会增加用户的输入工作量。为此我们设计一个界面，在界面中采用一些可视组件使用户从固定选项值中选择输入的内容，该内容得到用户进一步确认后，再由程序决定下一步的信息处理。在本任务中输入的信息由用户通过单击"确定"按钮确认后输出到一个文本区中，运行结果如图5—11所示。

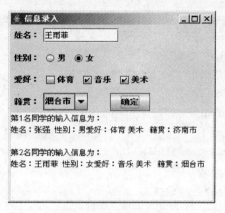

图5—11 运行结果

具体实现代码如下：

```
import javax.swing.*;
import java.awt.*;
import java.awt.event.*;
class InputData implements ActionListener
{
    JFrame frame;
    JLabel lXm,lXb,lAh,lJg;
    JTextField tXm;
    JRadioButton rNan,rNu;                    //声明单选按钮组件
    ButtonGroup g;                            //声明按钮组件
    JCheckBox ty,yy,msh;                      //声明复选框组件
    JPanel p1,p2,p3,p4,p5;
    JComboBox cJg;                            //声明列表框组件
    JButton button;
    JTextArea ta;                             //声明文本区组件
    int i = 0;
    public InputData( )
    {
        frame = new JFrame("信息录入");
        lXm = new JLabel("姓名:");
        lXb = new JLabel("性别:");
        lAh = new JLabel("爱好:");
        lJg = new JLabel("籍贯:");
        tXm = new JTextField(10);             //创建按钮组对象
```

```
            g = new ButtonGroup( );                              //创建单选按钮对象
        rNan = new JRadioButton("男",true);
        rNu = new JRadioButton("女",false);
        g. add(rNan);
        g. add(rNu);
        ty = new JCheckBox("体育");                              //创造复选框对象
        yy = new JCheckBox("音乐");
        msh = new JCheckBox("美术");
        String sh[ ] = {"济南市","烟台市","潍坊市"};
        cJg = new JComboBox( sh);
        button = new JButton("确定");
        ta = new JTextArea( );                                   //创建文本区对象
        button. addActionListener(this);
        frame. setLocation(100,100);
        frame. setSize(400,400);
        p1 = new JPanel( );
        p1. setLayout(new FlowLayout(FlowLayout. LEFT));
        p2 = new JPanel( );
        p2. setLayout(new FlowLayout(FlowLayout. LEFT));
        p3 = new JPanel( );
        p3. setLayout(new FlowLayout(FlowLayout. LEFT));
        p4 = new JPanel( );
        p4. setLayout(new FlowLayout(FlowLayout. LEFT));
        p1. add(lXm); p1. add(tXm);
        p2. add(lXb); p2. add(rNan);p2. add(rNu);
        p3. add(lAh); p3. add(ty); p3. add(yy); p3. add(msh);
        p4. add(lJg); p4. add(cJg); p4. add(new JLabel("    "));
        p4. add(button);
        Panel p = new Panel( );
        p. setLayout(new GridLayout(4,1));
        p. add(p1); p. add(p2); p. add(p3); p. add(p4);
        frame. setLayout(new GridLayout(2,1));
        frame. add(p);
        frame. add(ta);
        frame. setVisible(true);
        frame. setDefaultCloseOperation(JFrame. EXIT_ON_CLOSE);
    }
    public static void main(String args[ ])
    {
        new InputData( );
    }
    public void actionPerformed(ActionEvent e)
    {   i ++;
```

```
        String s = "";
        s = "第" + i + "名同学的输入信息为:/n";
        s = s + "姓名:" + tXm. getText( ) + " 性别:";
        if (rNan. isSelected( ))
        s = s + "男";
           else
          s = s + "女";
        s = s + "爱好:";
        if(ty. isSelected( ))
          s = s + "体育 ";
        if(yy. isSelected( ))
          s = s + "音乐 ";
        if(msh. isSelected( ))
          s = s + "美术 ";
        s = s + " 籍贯:";
        s = s + cJg. getSelectedItem( ) + "/n/n";
        ta. append(s);
    }
}
```

 ## 知识分析

　　用户信息输入后，由用户单击"确定"按钮，则信息必须输出到相应的文本区中。本任务主要用到的新知识是事件处理机制；用户的性别、爱好、籍贯信息的输入用到了单选按钮、复选框和组合框等。

二、相关知识：事件处理机制、可供选择的可视组件

（一）事件处理机制

　　尽管前面我们编写的求和程序有完善的界面，但并不能在用户输入两个加数后把和放到相应的文本框中，这是因为我们没有编写相应的事件处理程序。下面我们介绍事件处理程序的基本原理。

1. 事件处理的基本原理

　　图形用户界面通过事件机制响应用户和程序的交互。产生事件的组件称为事件源。例如，当单击某个按钮时就会产生单击事件，该按钮就称为事件源。要处理产生的事件，需要在特定的方法中编写处理事件的程序。当产生某种事件时就会调用处理这种事件的方法，从而实现用户与程序的交互，这就是图形用户界面事件处理的基本原理。

2. 编写事件处理程序的方法

　　JDK 1.1之后Java采用的是事件源——事件监听者模型，引发事件的对象称为事件源，接收并处理事件的对象称为事件监听者，无论应用程序还是后面要讲到的 Applet 小程序，都采用这一机制。

　　引入事件处理机制后，编程的基本方法如下：

（1）在 java. awt 中，组件实现事件处理必须使用 java. awt. event 包，在程序开始处应加入 import java. awt. event. * 语句。

（2）用如下语句设置事件监听者：

事件源 . addXxxListener(事件监听者);

（3）事件监听者对应的类实现事件对应的接口 XxxListener，并重写接口中的全部方法。

（4）若要删除事件监听者，可以使用如下语句：

事件源 . removeXxxListener( );

【例 5—8】利用事件处理机制设计求和程序。

```
import javax. swing. * ;
import java. awt. * ;
import java. awt. event. * ;
public class AddDemo extends JFrame implements ActionListener    //实现相应接口
{
  JLabel b1, b2;
  JTextField t1, t2, t3;
  JButton bt;
  public AddDemo( )
    {
    b1 = new JLabel("加数 1:", JLabel. CENTER);
    b2 = new JLabel("加数 2:", JLabel. CENTER);
    b1. setBorder(BorderFactory. createEtchedBorder( ));    //设定标签带边框
    b2. setBorder(BorderFactory. createEtchedBorder( ));
    t1 = new JTextField(6);
    t2 = new JTextField(6);
    t3 = new JTextField(6);
    t3. setEditable(false);                                 //设置记录和文本框不可编辑
    bt = new JButton("求和");
    setLayout(new GridLayout(3, 2));
    add(b1);
    add(t1);
    add(b2);
    add(t2);
    add(bt);
    add(t3);
    bt. addActionListener(this);                            //为按钮注册事件监听器
    setSize(200, 160);
    setVisible(true);
    setDefaultCloseOperation(JFrame. EXIT_ON_CLOSE);
    }
  public static void main(String arg[ ])
```

```
    {
        new AddDemo( );
    }
    public void actionPerformed(ActionEvent e)                //实现接口中的抽象方法
    {
        t3. setText("" + (Integer. parseInt(t1. getText( )) + Integer. parseInt(t2. getText( ))));
    }
}
```

　　程序运行时，用户在两个输入框中分别输入两个整数，单击"求和"按钮，便可在第三个输入框中显示两数的和，如图 5—12 所示。

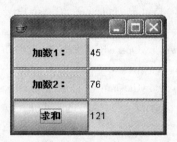

图 5—12　运行结果

3. Java 常用事件

Java 将所有组件可能发生的事件进行分类，具有共同特征的事件被抽象为一个事件类 AWTEvent，其中包括 ActionEvent（动作事件）、MouseEvent（鼠标事件）、KeyEvent（键盘事件）等。Java 的常用事件类、处理该事件的接口及接口方法见表 5—1。

表 5—1　　　　　　　　　　Java 的常用事件类/接口名称、接口方法与说明

事件类/接口名称	接口方法与说明
ActionEvent 动作事件类 ActionListener 接口	actionPerformed(ActionEvent e) //单击按钮、选择菜单项或在文本框中按回车键时
ComponentEvent 调整事件类 ComponentListener 接口	componentMoved(ComponentEvent e)　　//组件移动时 componentHidden(ComponentEvent e)　　//组件隐藏时 componentResized(ComponentEvent e)　　//组件缩放时 componentShown(ComponentEvent e)　　//组件显示时
FocusEvent 焦点事件类 FocusListener 接口	focusGained(FocusEvent e)　　//组件获得焦点时 focusLost(FocusEvent e)　　//组件失去焦点时
ItemEvent 选择事件类 ItemListener 接口	itemStateChanged(ItemEvent e) //选择复选框、单选按钮，单击列表框，选中带复选框菜单时
KeyEvent 键盘事件类 KeyListener 接口	keyPressed(KeyEvent e)　　//按下键时 keyReleased(KeyEvent e)　　//释放键时 keyTyped(KeyEvent e)　　//击键时

续前表

事件类/接口名称	接口方法与说明	
MouseEvent 鼠标事件类 MouseListener 接口 MouseEvent 鼠标事件类 MouseMotionListener 接口	mouseClicked(MouseEvent e)	//单击鼠标时
	mouseEntered(MouseEvent e)	//鼠标进入时
	mouseExited(MouseEvent e)	//鼠标离开时
	mousePressed(MouseEvent e)	//鼠标按下时
	mouseReleased(MouseEvent e)	//鼠标释放时
	mouseDragged(MouseEvent e)	//鼠标拖放时
	mouseMoved(MouseEvent e)	//鼠标移动时
TextEvent 文本事件类 TextListener 接口	textValueChanged(TextEvent e)	//文本框、文本区内容修改时
WindowEvent 窗口事件类 WindowListener 接口	windowOpened(WindowEvent e)	//窗口打开后
	windowClosed(WindowEvent e)	//窗口关闭后
	windowClosing(WindowEvent e)	//窗口关闭时
	windowActivated(WindowEvent e)	//窗口激活时
	windowDeactivated(WindowEvent e)	//窗口失去焦点时
	windowIconified(WindowEvent e)	//窗口最小化时
	windowDeiconified(WindowEvent e)	//最小化窗口还原时
AdjustmentEvent 调整事件类 AdjustmentListener 接口	adjustmentValueChanged(AdjustmentEvent e) //改变滚动条滑块位置	

每个事件类都提供方法：public Object getSource( )，当多个事件源触发的事件由一个共同的监听器处理时，通过该方法可判断当前的事件源是哪一个组件。

【例 5—9】设置标签内显示不同的图片。

```java
import javax.swing.*;
import java.awt.event.*;
public class EventDemo extends JFrame implements ActionListener
{
    JButton b1,b2,b3;
    JPanel p;
    JLabel picture;
    public EventDemo( )
    {
        p = new JPanel( );
        picture = new JLabel( );
        b1 = new JButton("图 1");
        b2 = new JButton("图 2");
        b3 = new JButton("图 5");
        b1.addActionListener(this);
        b2.addActionListener(this);
```

```
        b3. addActionListener(this);
        add("North",p);
        p. add(b1);
        p. add(b2);
        p. add(b3);
        add(picture);
        setSize(200,200);
        setVisible(true);
        setDefaultCloseOperation(JFrame. EXIT_ON_CLOSE);
    }
    public static void main(String args[ ])
    {
        new EventDemo( );
    }
    public void actionPerformed(ActionEvent e)
    {
        if(e. getSource( ) == b1)                              //判断事件源
           picture. setIcon(new ImageIcon("image0. jpg"));
           //图片文件应与程序存放位置一致
        if(e. getSource( ) == b2)
           picture. setIcon(new ImageIcon("image1. jpg"));
        if(e. getSource( ) == b3)
           picture. setIcon(new ImageIcon("image2. jpg"));
    }
}
```

程序运行时，分别单击不同的按钮，处于中央区的标签将显示不同的图片。运行结果如图 5—13所示。

图 5—13 运行结果

4. 事件适配器

为了进行事件处理，需要实现 Listener 接口的类，而 Java 规定在实现该接口的类中，必须实现接口中所声明的全部方法。在具体程序设计过程中，有可能只用到接口中的一个或几个方法。为了方便，Java 为那些声明了多个方法的 Listener 接口提供了一个对应的适配器（Adapter）类，在该类中实现了方法体为空的对应接口的所有方法。例如，窗口事件适配器的定义如下：

```
public abstract class WindowAdapter extends Object implements WindowListener
{
    public void windowOpened(WindowEvent e) { }
    public void windowClosed(WindowEvent e) { }
    public void windowClosing(WindowEvent e) { }
    public void windowActivated(WindowEvent e) { }
    public void windowDeactivated(WindowEvent e) { }
    public void windowIconified(WindowEvent e) { }
    public void windowDeiconified(WindowEvent e) { }
}
```

由于在接口对应的适配器类中实现了接口的所有方法，因此在创建新类时，可以不实现接口，而只继承某个适当的适配器，并且仅覆盖所关心的事件处理方法。接口与对应的适配器类如表 5—2 所示。

表 5—2　　　　　　　　　　　　　　接口与对应的适配器类

接口名称	适配器名称	接口名称	适配器名称
ComponentListener	ComponentAdapter	MouseListener	MouseAdapter
FocusListener	FocusAdapter	MouseMotionListener	MouseMotionAdapter
ItemListener	ItemAdapter	WindowListener	WindowAdapter
KeyListener	KeyAdapter		

（二）可供选择的可视组件

在许多输入项中，有些是相对固定的内容，为方便用户的输入，系统提供了一些选择组件，供用户从选项中输入数据，极大地方便了用户的输入。

1. 复选框

复选框（JCheckBox）提供两种状态，一种是选中，另一种是未选中，用户通过单击该组件切换状态。

（1）复选框的常用方法如下：

①public JCheckBox( )：创建一个没有名字的复选框。

②public JCheckBox(String text)：创建一个名字是 text 的复选框。

③public boolean isSelected( )：如果复选框处于选中状态，则该方法返回 true，否则返回 false。

如果不对复选框进行初始化设置，默认的初始化设置均为非选中状态。

（2）复选框上的 ItemEvent 事件。当复选框获得监视器之后，复选框选中状态发生变化时就发生 ItemEvent 事件，ItemEvent 类将自动创建一个事件对象。发生 ItemEvent 事件的事件源获得监视器的方法是 addItemListener(ItemListener listener)。由于复选框可以发生 ItemEvent 事件，因此 JCheckBox 类提供了 addItemListener 方法。处理 ItemEvent 事件的接口是 ItemListener，创建监视器的类必须实现 ItemListener 接口，且该接口中只有一个方法。当复选框发生 ItemEvent 事件时，监视器将自动调用接口方法，语句如下：

```
public void itemStateChanged(ItemEvent e){…}          //对发生的事件做出处理
```

2. 单选按钮

单选按钮（JRadioButton）与复选框类似，所不同的是：在若干个复选框中我们可以同时选中多个，而一组单选按钮同一时刻只能有一个被选中。当创建了若干个单选按钮后，应使用 ButtonGroup 对象把若干个单选按钮归组。

（1）单选按钮的常用方法。

①JRadioButton(String text)：创建一个名字为 text 的单选按钮。

②JRadioButton(String text,boolean selected)：创建一个名字为 text 的单选按钮，并指定该单选按钮的选中状态。

③public boolean isSelected( )：如果单选按钮处于选中状态则该方法返回 true，否则返回 false。

（2）要将单选按钮分组，需要创建 ButtonGroup 的一个实例，并用 add 方法把单选按钮添加到该实例中，同一组的单选按钮每一时刻只能选其一。例如：

```
//创建一个单选按钮组,且不能同时选择 jrb1 和 jrb2
ButtonGroup btg = new ButtonGroup( );
btg. add(jrb1);
btg. add(jrb2);
```

（3）单选按钮的 ItemEvent 事件。单选按钮和复选框一样，也是触发 ItemEvent 事件，在此不再重复介绍。

【例 5—10】单选按钮与复选框的用法。

```
import java. awt. * ;
import java. awt. event. * ;
import javax. swing. * ;
class ExamRadioCheck implements ActionListener
{
    JFrame f;
    JLabel l1,l2;
    JRadioButton r1,r2,r3,r4;
    ButtonGroup g;
    JCheckBox c1,c2,c3,c4;
    JPanel p,p1,p2;
    JButton b;
    JTextArea t;
    public ExamRadioCheck( )
    {
      f = new JFrame( );
      l1 = new JLabel("选择你已学过的课程:");
      l2 = new JLabel("选择你最喜欢的课程:");
      g = new ButtonGroup( );                    //创建按钮组对象
      c1 = new JCheckBox("网络技术",false);
```

129

```
        c2 = new JCheckBox("Java 设计", true);
        c3 = new JCheckBox("网页设计", false);
        c4 = new JCheckBox("文化基础", false);
        r1 = new JRadioButton("网络技术");
        r2 = new JRadioButton("Java 设计");
        r3 = new JRadioButton("网页设计");
        r4 = new JRadioButton("文化基础");
        g.add(r1);g.add(r2); g.add(r3);g.add(r4);        //将单选按钮加入按钮组
        b = new JButton("确定");
        b.addActionListener(this);
        t = new JTextArea( );
        p = new JPanel( );
        p1 = new JPanel( );
        p2 = new JPanel( );
        p1.add(l1);
        p1.add(c1);
        p1.add(c2);
        p1.add(c3);
        p1.add(c4);
        p2.add(l2);
        p2.add(r1);
        p2.add(r2);
        p2.add(r3);
        p2.add(r4);
        p2.add(b);
        p.add(p1);
        p.add(p2);
        f.setLayout(new GridLayout(2, 1, 10, 10));
        f.add(p);
        f.add(t);
        f.setSize(540, 200);
        f.setVisible(true);
    }
    public static void main(String args[ ])
    {
        new ExamRadioCheck( );
    }
    public void actionPerformed(ActionEvent e)
    {
        String s = "";
        if(c1.isSelected( ))                            //判断 c1 是否被选中
            s = s + c1.getLabel( ) + " ";
        if(c2.isSelected( ))
```

```
            s = s + c2. getLabel( ) + " ";
        if(c3. isSelected( ))
            s = s + c3. getLabel( ) + " ";
        if(c4. isSelected( ))
            s = s + c4. getLabel( );
        t. append("你已学过的课程有:" + s + "\n");
        if(r1. isSelected( ))                              //判断 r1 是否被选中
            t. append("你最喜欢的课程是:" + r1. getLabel( ));
        if(r2. isSelected( ))
            t. append("你最喜欢的课程是:" + r2. getLabel( ));
        if(r3. isSelected( ))
            t. append("你最喜欢的课程是:" + r3. getLabel( ));
        if(r4. isSelected( ))
            t. append("你最喜欢的课程是:" + r4. getLabel( ));
    }
}
```

　　当程序运行时，我们可以从课程组中选取学过的多门课程并选出自己最喜欢的课程。程序的运行结果如图 5—14 所示。

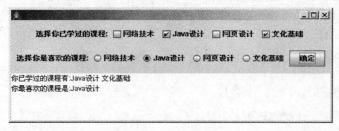

图 5—14　运行结果

3. 组合框

　　组合框（JComboBox）是用户十分熟悉的一个组件。用户单击组合框右侧的箭头时，选项列表打开。

　　（1）组合框的常用方法。

　　①public JComboBox( )：创建一个没有选项的下拉列表。

　　②public JComboBox(Object[ ] items)：创建包含指定数组中的元素的组合框 JComboBox。默认情况下，选择数组中的第一项。

　　③public void addItem(Object anObject)：增加选项。

　　④public int getSelectedIndex( )：返回当前下拉列表中被选中项的索引，索引的起始值是 0。

　　⑤public Object getSelectedItem( )：返回当前下拉列表中被选中的项。

　　⑥public void removeItemAt(int anIndex)：从下拉列表的选项中删除索引值是 anIndex 的选项。

　　⑦public void removeAllItems( )：删除全部选项。

　　（2）组合框的事件与复选框一样，组合框的事件也是 ItemEvent，可以通过 addItem-

Listener(ItemListener listener）为组件注册事件监听器。

【例 5—11】组合框的应用。

```java
import java.awt.*;
import java.awt.event.*;
import javax.swing.*;
class JComboxDemo extends JFrame implements ItemListener
{
    JLabel jLabel1,jLabel2;
    JComboBox jComboBox1,jComboBox2;
    String sf[ ],sh[ ];
    public JComboxDemo( )
    {
        jLabel1 = new JLabel("所在省");
        jLabel2 = new JLabel("所在市");
        String sf[ ] = {"山东省","江苏省"};
        jComboBox1 = new JComboBox(sf);                  //创建并初始化组合框
        String sh[ ] = {"济南市","烟台市","潍坊市"};
        jComboBox2 = new JComboBox(sh);
        setLayout(new GridLayout(2,2));
        add(jLabel1);
        add(jLabel2);
        add(jComboBox1);
        add(jComboBox2);
        jComboBox1.addItemListener(this);                //为组合框注册事件监听器
        setSize(220,100);
        setVisible(true);
        setDefaultCloseOperation(JFrame.EXIT_ON_CLOSE);
    }
    public static void main(String args[ ])
    {
        new JComboxDemo( );
    }
    public void itemStateChanged(ItemEvent e)            //编写事件处理程序
    {
        jComboBox2.removeAll( );
        if(jComboBox1.getSelectedItem( ).equals("山东省"))   //判断是否选中"山东省"
        {
            jComboBox2.addItem("济南市");                  //添加列表项
            jComboBox2.addItem("烟台市");
            jComboBox2.addItem("潍坊市");
        }
        if(jComboBox1.getSelectedItem( ).equals("江苏省"))
```

```
    {
        jComboBox2.addItem("南京市");
        jComboBox2.addItem("无锡市");
        jComboBox2.addItem("扬州市");
    }
  }
}
```

程序运行后，用户可从所在省中选择省份，其后的所在市相应地发生变化。程序的运行结果如图 5—15 所示。

图 5—15　运行结果

4．列表框

列表框（JList）的作用与组合框的作用基本相同，但它允许用户同时选择多项。列表框与组合框的方法大致相同，但须注意以下方法的使用。

（1）public Object getSelectedValue( )：返回所选的第一个值，如果选择为空，则返回 null。

（2）public Object[ ] getSelectedValues( )：返回所选单元的一组值。返回值以递增的索引顺序存储。

（3）public int[ ] getSelectedIndexes( )：获取选项框中选中的多项位置索引编号。返回值是整型数组。

列表框列表项较多时，JList 不会自动滚动。给列表框加滚动条的方法与文本区相同，只需创建一个滚动窗格并将列表框加入其中即可。

【例 5—12】列表框的应用。

```
import java.awt. * ;
import java.awt.event. * ;
import javax.swing. * ;
class ListExam extends JFrame implements ActionListener
{
    JList jList1;
    JTextArea jTextArea;
    JButton jButton1;
    JPanel jPanel;
    public ListExam( )
    {
      String str[ ]={"数据库","计算机基础","网络基础","软件工程","程序设计"};
      jList1 = new JList(str);
```

```
        jTextArea = new JTextArea( );
        jButton1 = new JButton(" 选择课程");
        jButton1. addActionListener(this);
        jPanel = new JPanel( );
        jPanel. setLayout(new GridLayout(3,1));
        jPanel. add(new JLabel( ));
        jPanel. add(jButton1);
        jPanel. add(new JLabel( ));
        setLayout(new GridLayout(1,3,20,20));
        add(jList1);
        add(jPanel);
        add(jTextArea);
        setSize(400,250);
        setVisible(true);
        setDefaultCloseOperation(JFrame. EXIT_ON_CLOSE);
    }
    public static void main(String args[ ])
    {
        new ListExam( );
    }
    public void actionPerformed(ActionEvent e)
    {

        Object s[ ] = jList1. getSelectedValues( );           //获取全部选中的列表项
        String s2 = "你选择的课程有:/n";
        for (int i = 0; i < s. length; i + + )
        s2 = s2 + s[i] + "/n";
        jTextArea. setText(s2);
    }
}
```

程序运行时，可从左侧的列表框中进行多项选择，选择的列表项将在右侧的文本区中显示，如图 5—16 所示。

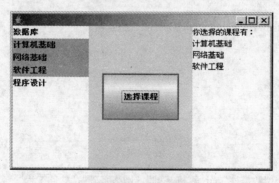

图 5—16　运行结果

三、知识拓展：滚动窗口、文本区

在输入数据时，文本框只能输入一行数据，当输入的数据较多时将产生很大制约。采用文本区组件可以输入大量数据，文本区通常与滚动窗口结合使用。

（一）滚动窗口

滚动窗口（JScrollPane）是带滚动条的面板，主要是通过移动 JViewport（视图）来实现的。JViewport 是一种特殊的对象，用于查看基层组件，滚动条实际上就是沿着组件移动视图，同时描绘出它在下面"看到"的内容。

（1）滚动窗口的构造方法。

①public JScrollPane( )：创建一个空的 JScrollPane，根据需要显示水平和垂直滚动条。

②public JScrollPane(Component c)：创建一个显示指定组件内容的 JScrollPane，只要组件的内容超过视图大小就会显示水平和垂直滚动条。

（2）向已有的滚动窗口添加组件的方法。

getViewport( ).add（Component c）：向获取的 JViewport（视图）添加组件 c，即可把组件加入到滚动窗口中。

图 5—17 中是滚动窗口中加入了文本区组件，当文本区行数超出窗口显示范围时，组件会自动加入垂直滚动条，当一行中的内容超出窗口宽度时，组件会自动加入水平滚动条。

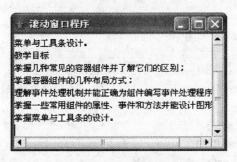

图 5—17　滚动窗口样式

（二）文本区（JTextArea）

JTextField 只能输入一行文本，如想让用户输入多行文本，可以使用 JTextArea，它允许用户输入多行文字。

（1）文本区的常用构造方法。

①public JTextArea( )：创建一个空的文本区。

②JTextArea(int rows,int columns)：创建一个指定行数和列数的文本区。

③JTextArea(String s,int rows,int columns)：创建一个指定文本、行数和列数的文本区。

（2）文本区的常用实例方法。

①public void append(String s)：在文本区尾部追加文本内容 s。

②public void insert(String s,int position)：在文本区 position 处插入文本 s。

③public void setText(String s)：设置文本区中的内容为文本 s。

④public String getText( )：获取文本区的内容。

⑤public String getSelectedText( )：获取文本区中选中的内容。

⑥public void replaceRange(String s，int start，int end)：把文本区中从 start 位置开始至 end 位置之间的文本用 s 替换。

⑦public void setCaretPosition(int position)：设置文本区中光标的位置。

⑧public int getCaretPosition( )：获得文本区中光标的位置。

⑨public void setSelectionStart(int position)：设置要选中文本的起始位置。

⑩public void setSelectionEnd(int position)：设置要选中文本的终止位置。

⑪public int getSelectionStart( )：获取选中文本的起始位置。

⑫public int getSelectionEnd( )：获取选中文本的终止位置。

⑬public void selectAll( )：选中文本区的全部文本。

⑭setLineWrap(boolean)：设定文本区是否自动换行。

⑮getLineCount( )：获取文本区共有的文本行数。

【例 5—13】文本区内容的复制。

```java
import javax. swing. * ;
import java. awt. * ;
public class CopyTextFrame extends JFrame
{
  JTextArea t1,t2;
  JScrollPane s1,s2;
    public CopyTextFrame( )
    {
        t1 = new JTextArea("I'm learning java! what are you doing!");
        t1. setLineWrap(true);                    //设置自动换行
        t2 = new JTextArea( );
        t2. setLineWrap(true);
        s1 = new JScrollPane(t1);                 //向文本区加入滚动面板
        s2 = new JScrollPane(t2);
        setLayout(new GridLayout(1,2));
        add(s1);
        add(s2);
        setSize(300,200);
        setVisible(true);
        setDefaultCloseOperation(JFrame. EXIT_ON_CLOSE);
        t1. setSelectionStart(18);                //设置选中起始位置
        t1. setSelectionEnd(37);                  //设置选中终止位置
        String s = t1. getSelectedText( );
        t2. setText(s);
    }
    public static void main(String arg[ ])
    {
        new CopyTextFrame( );
    }
}
```

程序的运行结果如图 5—18 所示。

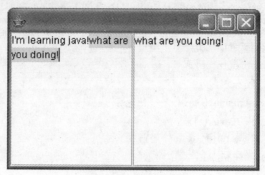

图 5—18 运行结果

综合实训五 学生信息的查询

【实训目的】

通过本实训项目使学生能较好地掌握程序的书写规范、本章知识的综合运用，特别是本项目采用了多个窗体框架，并能在框架间实现参数传递，为更好地掌握复杂程序的编写起到了抛砖引玉的作用。

【实训情景设置】

学生信息存储后，我们经常会查询某个学生的相关信息，查询的方式一般按姓名或学号，这样我们设计一个图形界面，界面可供用户选择查询方式并输入查询内容。当输入的查询内容确定后，应弹出另一个窗口，显示查到的相关信息或查不到的提示。由于查询可能是反复的过程，因此，出现查询信息的界面应能控制并有返回到原查询窗口的功能。

【项目参考代码】

```
import java.awt. * ;
import java.awt.event. * ;
import javax.swing. * ;
class MultiFrameExam extends JFrame implements ActionListener,ItemListener
{
        JLabel label;
        JRadioButton radioButton1,radioButton2;
        ButtonGroup group;
        JTextField text1,text2;
        JButton button;
        public MultiFrameExam( )
        {
          label = new JLabel("信息查询:");
          group = new ButtonGroup( );
          radioButton1 = new JRadioButton("按姓名查",false);
          radioButton2 = new JRadioButton("按学号查",false);
          group.add(radioButton1);
          group.add(radioButton2);
```

```
            text1 = new JTextField(10);
            text2 = new JTextField(10);
            button = new JButton("确定");
            text1. setVisible(false);
            text2. setVisible(false);
            add(label);
            JPanel p1 = new JPanel( );
            JPanel p2 = new JPanel( );
            p1. setLayout(new GridLayout(1,2));
            p1. add(radioButton1);
            p1. add(text1);
            p2. setLayout(new GridLayout(1,2));
            p2. add(radioButton2);
            p2. add(text2);
            setLayout(new GridLayout(4,1));
            add(label);
            add(p1);
            add(p2);
            add(button);
            radioButton1. addItemListener(this);
            radioButton2. addItemListener(this);
            button. addActionListener(this);
            setSize(200,140);
            setVisible(true);
        }
    public static void main(String args[ ])
    {
            new MultiFrameExam( );
    }
    public void itemStateChanged(ItemEvent e)
    {
        if(radioButton1. isSelected())
        {
          text1. setVisible(true);
          text2. setText("");
          text2. setVisible(false);
        }
        if(radioButton2. isSelected())
        {
          text2. setVisible(true);
          text1. setText("");
          text1. setVisible(false);
        }
    }
```

```
    public void actionPerformed(ActionEvent e)
    {
        String s = "";
        if(radioButton1. isSelected( ))
          s = text1. getText( );
        if(radioButton2. isSelected( ))
          s = text2. getText( );
        new Frame2(s);                    //打开显示查询结果的窗口
        dispose( );                       //释放当前窗体
    }
}
class Frame2 extends JFrame implements ActionListener
{
  JTextArea textArea;
  JButton button;
  public Frame2(String s)
  {
        textArea = new JTextArea( );
        textArea. setEditable(false);
        String ss[ ] = {"学号:200701,姓名:张强,性别:男,年龄 19/n",
                        "学号:200702,姓名:李玉,性别:女,年龄:18/n",
                        "学号:200703,姓名:孙飞,性别:男,年龄:19/n",
                        "学号:200704,姓名:王猛,性别:男,年龄 17/n"};
        for(int i = 0;i<ss. length;i + + )          //逐一比较查找内容
          if(ss[i]. indexOf(s)>0)
          textArea. append(ss[i]);
        if(textArea. getText( ). equals(""))
          textArea. append("未找到该生相关信息!");
        button = new JButton("返回");
        add("Center",textArea);
        add("South",button);
        button. addActionListener(this);
        setSize(300,200);
        setVisible(true);
  }
  public void actionPerformed(ActionEvent e)
  {
        dispose( );                       //释放当前窗体
        new MultiFrameExam( );
  }
}
```

【程序模拟运行结果】

程序的运行结果如图 5—19 所示。

(a) 按学号查

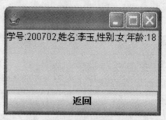
(b) 显示查找到的信息

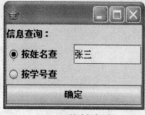
(c) 按姓名查

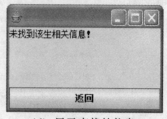
(d) 显示查找的信息

图 5—19　运行结果

拓展动手练习五

1. 练习目的
(1) 掌握布局管理器的用法。
(2) 掌握可视组件的基本用法。
(3) 掌握组件事件处理程序的编写。
2. 练习内容
(1) 设计一个登录对话框，如图 5—20 所示。

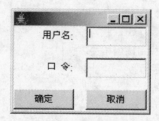

图 5—20　登录对话框

(2) 编写一个程序，设计的界面如图 5—21。当单击单选按钮时，相应的图片显示在单选按钮后，单击复选框按钮时相应的图片显示在复选框后。

图 5—21　设计的界面

习　题　五

一、选择题

1. 下面属于容器类的是（　　）。
　　A. JFrame　　　　　　B. JTextField　　　　　　C. Color　　　　　　D. JMenu

2. FlowLayout 的布局策略是（　　）。
　　A. 按添加的顺序由左至右将组件排列在容器中
　　B. 按设定的行数和列数以网格的形式排列组件
　　C. 将窗口划分成五部分，在这五个区域中添加组件
　　D. 组件相互叠加排列在容器中

3. BorderLayout 的布局策略是（　　）。
　　A. 按添加的顺序由左至右将组件排列在容器中
　　B. 按设定的行数和列数以网格的形式排列组件
　　C. 将窗口划分成五部分，在这五个区域中添加组件
　　D. 组件相互叠加排列在容器中

4. GridLayout 的布局策略是（　　）。
　　A. 按添加的顺序由左至右将组件排列在容器中
　　B. 按设定的行数和列数以网格的形式排列组件
　　C. 将窗口划分成五部分，在这五个区域中添加组件
　　D. 组件相互叠加排列在容器中

5. JFrame 中内容窗格默认的布局管理器是（　　）。
　　A. FlowLayout　　B. BorderLayout　　　C. GridLayout　　D. CardLayout

6. 监听事件和处理事件（　　）。
　　A. 由 Listener 完成　　　　　　　　B. 由相应事件 Listener 处注册的构件完成
　　C. 由 Listener 和构件分别完成　　　　D. 由 Listener 和窗口分别完成

7. 在下列事件处理机制中不是机制中的角色的是（　　）。
　　A. 事件　　　　　B. 事件源　　　　　C. 事件接口　　　　D. 事件处理者

8. addActionListener（this）方法中的 this 参数表示的意思是（　　）。
　　A. 当有事件发生时，应该使用 this 监听器
　　B. this 对象类会处理此事件
　　C. this 事件优先于其他事件
　　D. 只是一种形式

9. 下列关于 Component 的方法中，错误的是（　　）。
　　A. getName（）用于获得组件的名字　　　B. getSize（）用于获得组件的大小
　　C. setColor（）用于设置前景颜色　　　　D. setVisible（）用于设置组件是否可见

10. 当窗口关闭时，会触发的事件是（　　）。
　　A. ContainerEvent　　　　　　　　B. ItemEven
　　C. WindowEvent　　　　　　　　　D. MouseEvent

二、填空题

1. AWT 的用户界面组件库被更稳定、通用、灵活的库取代，该库称为_____。

2. ＿＿＿＿＿＿＿＿用于安排容器上的 GUI 组件。

3. 设置容器布局管理器的方法是＿＿＿＿＿＿＿＿。

4. 当释放鼠标按键时，将产生＿＿＿＿＿＿＿＿事件。

5. Java 为那些声明了多个方法的 Listener 接口提供了一个对应的＿＿＿＿＿＿＿＿，在该类中实现了对应接口的所有方法。

6. ActionEvent 事件的监听接口是＿＿＿＿＿＿，注册方法名是＿＿＿＿＿＿，事件处理方法名是＿＿＿＿＿＿。

7. 图形用户界面通过＿＿＿＿＿＿响应用户和程序的交互，产生事件的组件称为＿＿＿＿＿＿。

8. Java 的 Swing 包中定义菜单的类是＿＿＿＿＿＿。

三、编程题

1. 设计如图 5—22 所示的图形用户界面（不要求实现功能）。

图 5—22 界面样式

2. 编写一个将华氏温度转换为摄氏温度的程序。其中一个文本框用于输入华氏温度，另一个文本框用于显示转换后的摄氏温度，按钮完成温度的转换。使用下面的公式进行温度转换：摄氏温度＝5/9×（华氏温度－32）。

3. 设计一个如图 5—23 所示的界面。当单击"确认"按钮后，使"开始考试"按钮可用，并使"学号"、"姓名"后的文本框及"确认"按钮不可用。单击"开始考试"按钮后，使"下一题"按钮可用，同时设置"开始考试"按钮不可用。

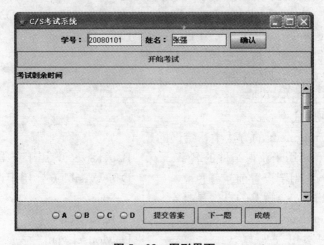

图 5—23 图形界面

项目六　成绩的图形表示

——图形用户界面设计

技能目标

能采用合适的图形方式对学生的成绩情况进行显示，直观地表示学生成绩的变化和分布情况。

知识目标

练习图形用户界面的使用；
熟悉 Font 类的用法；
熟悉 Color 类的用法；
掌握 Graphics 类的常用方法，能根据需要绘制图形；
能够灵活地创建用户自定义界面，并添加图形和文本。

项目任务

本项目完成学生成绩的图形表示，能根据要求采用合适的图形对学生的成绩进行统计显示。

如已知 5 名学生的成绩分别为 50、100、80、95、60，则用折线图和饼图分别表示他们成绩的分布情况，如图 6—1 所示。

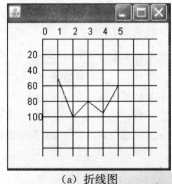

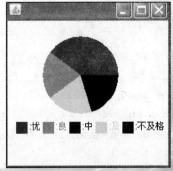

（a）折线图　　　　　　　　　　　（b）饼图

图 6—1　成绩分布图

项目解析

要完成用图 6—1（a）所示的学生成绩分布情况，就需要在图形用户界面坐标系中为每个学生确定对应的位置，可以用点的坐标来实现，然后将各个点进行连接，实现学生成绩的图形表示；在图 6—1（b）中需要计算各个分数段人数占总人数的百分比，然后计算出各分数段人数在整个饼图中所占的比例，选取相应颜色绘制扇形来表示。在输出图形的过程中，还涉及文本的输出显示。

我们可把项目分成两个子任务，任务一是学生成绩的图形绘制，任务二是用不同颜色的扇形分段表示学生成绩。

任务一　学生成绩的图形绘制

一、问题情景及实现

在成绩管理系统中，已有多名学生某门课程的成绩，用折线图表示出该课程学生成绩的变化情况。具体实现代码如下：

```
import java.awt. * ;
class ScoreGra1 extends Frame
{
    int x[ ] = new int[5];              //数组 x 用于存放坐标系中的横坐标
    int y[ ] = {50,100,80,95,60};       //数组 y 的元素值为学生的成绩
    public ScoreGra1( )
    {
        setSize(220,220);
        setVisible(true);
        for(int i = 0;i<5;i++)
            x[i] = 50 + (i + 1) * 20;    //计算每个学生对应的横坐标
        for(int i = 0;i<5;i++)
            y[i] + = 50;                  //计算每个学生对应的纵坐标
    }
    public void paint(Graphics g)
    {
        for(int i = 50;i<200;i+ = 20)    //绘制坐标系中垂直方向的直线
            g. drawLine(i,50,i,200);
        for(int i = 50;i< = 200;i+ = 20) //绘制坐标系中水平方向的直线
            g. drawLine(50,i,200,i);
        g. drawPolyline(x,y,5);          //以 x、y 数组中的元素值为坐标绘制折线
        for(int i = 0;i<6;i++)
            g. drawString("" + i,50 + i * 20,45);
        for(int i = 1;i< = 5;i++)
            g. drawString("" + i * 20,30,55 + i * 20);
```

```
        }
    public static void main (String[ ]args)
        {
            new ScoreGra1( );
        }
}
```

程序运行结果如图 6—1 （a） 所示。

 知识分析

Java 程序中要实现图形的绘制，首先需要确定绘制图形的形状和在坐标系中的位置，形状的绘制可以通过调用绘图类 Graphics 的绘图方法来实现，位置的表示可以通过绘图坐标体系来实现。该任务中定义了两个数组表示各个学生在坐标系中的位置，通过 Graphics 类的方法 drawLine（ ）、drawPolyline（ ）、drawString（ ） 等实现图形的绘制。

二、相关知识：绘图坐标系及绘图类 Graphics 的常用方法

（一） 绘图坐标系

在组件上绘图时的坐标系为：水平方向为 X 轴，垂直方向为 Y 轴，左上角起始点坐标是 （0,0），区域内任何一点的坐标用 （x,y） 表示，如图 6—2 所示。

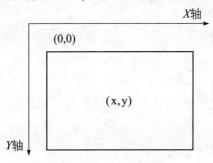

图 6—2　绘图坐标系

（二） 绘图类 Graphics 的常用方法

绘图类 Graphics 是一种特殊的抽象类，无须通过 new 实例化即可直接使用。Graphics 类中定义了很多绘图方法，通过调用这些方法，可以实现绘制各种各样的图形。

1. 绘直线 （drawline）

drawline 方法的应用如下：

```
drawLine(int x1, int y1, int x2, int y2)        //画一条从坐标(x1，y1)到(x2，y2)的直线
```

例如，画一条从坐标原点 （0,0） 到点 （80,80） 的直线，可以采用下面的方式实现：

```
public void paint(Graphics g)
{
    g. drawLine(0,0,80,80);
}
```

2. 画矩形

画矩形的方法如下：

（1）drawRect(int x1,int y1,int x2,int y2)：画一个左上角坐标为(x1,y1)、宽为 x2、高为 y2 的矩形。

（2）fillRect(int x1,int y1,int x2,int y2)：画一个左上角坐标为(x1,y1)、宽为 x2、高为 y2 的矩形，且矩形内以前景色填充。

（3）drawRoundRect(int x1,int y1,int x2,int y2,int x3,int y3)：画一个左上角坐标为 (x1,y1)、宽为 x2、高为 y2 的圆角矩形，x3、y3 代表圆角的宽度和高度。

注意：在绘制矩形的方法中仅表示出了矩形左上角顶点的坐标，其他参数表明了矩形的长和高的情况。

【例 6—1】 画直线、矩形。

```java
import java.awt. * ;
class MyFrame extends Frame
{
    public void paint(Graphics g)
    {
        g. drawLine(30,40,80,90);
        g. drawRect(100,40,50,50);
        g. fillRect(170,40,50,50);
    }
    public MyFrame( )
    {
        super("直线和矩形的绘制");
        setSize(260,120);
        setVisible(true);
    }
    public static void main(String args[ ])
    {
        new MyFrame( );
    }
}
```

程序的运行结果如图 6—3 所示。

图 6—3　运行结果

3. 画椭圆

画椭圆的方法如下：

（1）drawOval(int x1,int y1,int x2,int y2)：画一个左上角坐标为(x1,y1)、宽为 x2、高为

y2 的矩形中的内切圆，当宽与高的值不相同时画出的是椭圆，相同时画出的是正圆。

（2）fillOval(int x1,int y1,int x2,int y2)：画一个左上角坐标为(x1,y1)、宽为 x2、高为 y2 的矩形中的圆，且圆内以前景色填充。

说明：椭圆的绘制是以矩形的绘制为基础的，方法中参数的意义与绘制矩形方法中参数的意义相同。

4. 画弧

画弧的方法如下：

（1）drawArc(int x1,int y1,int x2,int y2,int x3,int y3)：该方法画出的弧是椭圆的一部分，前 4 个参数含义与画椭圆相同，x3 确定了圆弧的起始角（以度为单位），y3 确定了圆弧的大小，取正（负）值为沿逆（顺）时针方向画出圆弧。

（2）fillArc(int x1,int y1,int x2,int y2,int x3,int y3)：该方法画出的是以前景色填充的弧，即一个扇形。

【例 6—2】画椭圆、弧。

```
import java.awt. *;
class MyFrame extends Frame
{
    public void paint(Graphics g)
    {
        g. drawOval(30,40,40,70);
        g. fillOval(120,40,50,50);
        g. drawArc(170,40,50,50,0,60);
        g. fillArc(240,40,50,50,0, -60);
    }
    public MyFrame( )
    {
        super("椭圆和弧的绘制");
        setSize(300,120);
        setVisible(true);
    }
    public static void main(String args[ ])
    {
    new MyFrame( );
    }
}
```

程序的运行结果如图 6—4 所示。

图 6—4　运行结果

5. 画多边形和折线

画多边形和折线的方法如下：

（1）drawPolyline(int x[ ],int y[ ],int n)：绘制由 x 和 y 坐标数组定义的一系列连接线。每对（x,y）坐标定义了一个点，如果第一个点和最后一个点不同，则图形不是闭合的。n 代表点的总数。

（2）drawPolygon(int x[ ],int y[ ],int n)：绘制一个由 x 和 y 坐标数组定义的闭合多边形。每对（x,y）坐标定义了一个点，如果最后一个点与第一个点不同，则图形会在这两点间绘制一条线段来自动闭合。n 表示边的总数。

【例 6—3】 画折线与多边形。

```java
import java.awt.*;
class MyFrame extends Frame
{
    public void paint(Graphics g)
    {
        int x[ ] = {40,80,120,60,30};            //确定折线中各顶点的坐标
        int y[ ] = {30,50,90,110,70};
        g.drawPolyline(x,y,5);
        int x2[ ] = {140,180,220,160,130};
        int y2[ ] = {30,50,90,110,70};
        g.drawPolygon(x2,y2,5);
        int x3[ ] = {240,300,280};
        int y3[ ] = {30,50,90};
        g.fillPolygon(x3,y3,3);
    }
    public MyFrame( )
    {
        super("折线与多边形的绘制");
        setSize(350,120);
        setVisible(true);
    }
    public static void main(String args[ ])
    {
        new MyFrame( );
    }
}
```

程序的运行结果如图 6—5 所示。

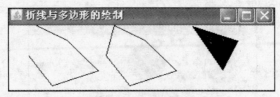

图 6—5 运行结果

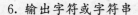

6. 输出字符或字符串

输出字符或字符串的方法如下：

（1）drawString(String s,int x,int y)：把字符串 s 输出到从坐标（x,y）开始的位置。

（2）drawChars(char c[],int offset,int number,int x,int y)：把字符数组 c 中从 offset 开始的 number 个字符输出到从坐标（x,y）开始的位置。

（3）drawBytes(byte b[],int offset,int number,int x,int y)：把字节数组 b 中从 offset 开始的 number 个数据输出到从坐标（x,y）开始的位置。在输出字符时，得到的是 ASCII 码与数组元素值相等的字符序列，而不是整型数值。例如：

```
byte b[ ] = {65,66,67};
drawBytes(b,0,3,50,50);                    //在指定位置输出字符串"ABC"
```

三、知识拓展：Font 类的方法、系统提供的字体

Java 中的 Font 类对象用来表示一种字体显示的效果，包括字体类型、字型和字号，使用 Font 类可以获得更加丰富多彩和逼真的字体，文字与图形用户界面变得和谐、一致、美观。

（一）Font 类的方法

1. 构造方法

（1）protected Font(Font font)：根据指定的 font 创建一个新的 Font 类对象。

（2）public Font(String name,int style,int size)：创建具有指定名称、样式和字号大小的 Font 类对象。其中，name 表示字体的名称，如宋体、黑体等；style 表示样式，可以是 Font. PLAIN、Font. BOLD、Font. ITALIC，分别表示普通体、加粗、倾斜；size 表示以磅为单位的字体大小。

Java 对字体的控制主要通过 Font 类实现，在改变字体之前，首先要创建一个 Font 类对象，然后通过组件调用 setFont( ) 方法，用新建的 Font 类对象作为其参数，重新设置组件上显示文字的字体，使用户新定义的字体生效。

【例 6—4】Font 类对象的定义和使用。

```
import java. awt. * ;
public class fontDemo1 extends Frame
{
    public void paint(Graphics g)
    {
        g. drawString("默认字体的显示效果",30,60);
        Font f = new Font("黑体",Font. BOLD,30);        //定义一个 Font 类对象
        g. setFont(f);                                  //设置显示文字的字体
        g. drawString("改变字体后显示效果",30,120);
    }
    public fontDemo1( )
    {
        super("字体设置演示");
```

```
        setSize(400,200);
        setVisible(true);
    }
    public static void main (String[ ]args) {
        new fontDemo1( );
    }
}
```

程序的运行结果如图 6—6 所示。

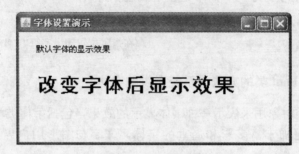

图 6—6　运行结果

说明： 通过定义 Font 类对象 f 对文本的字体重新进行定义，在框架类对象中输出设置前的文字和重新设置后的文字，两者之间的区别一目了然。

2. 实例方法

（1）public String getName( )：返回字体的名称。

（2）public int getSize( )：返回字体的大小。

（3）public int getStyle( )：返回字体的风格。其中，0 代表 Font. PLAIN，1 代表 Font. BOLD，2 代表 Font. ITALIC，3 代表 Font. BOLD＋Font. ITALIC（即加粗并倾斜）。

（4）public boolean isBold( )：判断字型是否加粗。

（5）public boolean isItalic( )：判断字型是否倾斜。

（6）public boolean isPlain( )：判断字型是否为普通体。

（7）public String getFamily( )：返回此 Font 的系列名称。

【例 6—5】 字体的应用。

```
import java.awt. *;
public class fontDemo extends Frame
{
    public void paint(Graphics g)
    {
        g. drawString("默认字体显示效果",30,50);
        Font f1 = g. getFont( );                        //查看系统字体的各个属性值
        g. drawString ("默认字体:" + f1. getFamily( ) + ";名称:" + f1. getName( ) + ";样式:
                " + f1. getStyle( ) + ";字号:" + f1. getSize( ),30,80);
        Font f2 = new Font("宋体",Font. ITALIC,30);
        g. setFont(f2);
```

```
        g. drawString("重设字体显示效果",30,140);
        g. drawString ("重设字体:" + f2. getFamily( ) + ";名称:" + f2. getName( ) + ";样式:
                " + f2. getStyle( ) + ";字号:" + f2. getSize( ),30,200);
    }
    public fontDemo( )
    {
        super("字体设置演示");
        setSize(650,300);
        setVisible(true);
    }
    public static void main (String[ ]args) {
        new fontDemo( );
    }
}
```

本例中对 Font 类的实例方法进行了调用，完成文本的输出显示，同时对 Font 类对象的属性值进行查看。程序的运行结果如图 6—7 所示。

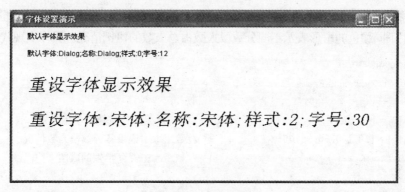

图 6—7　运行结果

（二）系统提供的字体

GraphicsEnvironment 类描述了 Java 应用程序在特定平台上可用的 GraphicsDevice 对象和 Font 对象的集合。该类中的方法 getLocalGraphicsEnvironment( ) 用于获取本地 Graphics-Environment。

【例 6—6】查看本机可用字体。

```
import java. awt. * ;
public class ListFonts
{ public static void main(String[ ]args)
    { //获取当前的绘图环境
    GraphicsEnvironment nv = GraphicsEnvironment. getLocalGraphicsEnvironment( );
    //获取当前绘图环境中所有字体系列名称,保存在数组 fontNames 中
    String[ ]fontNames = env. getAvailableFontFamilyNames( );
    System. out. println("可用字体:");
    for(int i = 0;i<fontNames. length;i + + )
```

```
        System. out. println(" " + fontNames[i]);
    }
}
```

运行程序后，输出结果的窗口中将显示本机可用的字体情况，如图 6—8 所示。

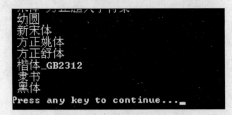

图 6—8　本机可用的字体

任务二　用不同颜色的扇形分段表示学生成绩

一、问题情景及实现

在成绩管理系统中，已有多名学生某门课程的成绩，用饼图表示出该课程各个分数段学生的分布比例，用不同颜色的扇形表示不同分数段人数占总人数的比例情况。具体实现代码如下：

```java
import java. awt. * ;
class ScoreGra2 extends Frame
{
    int x[ ] = new int[5];                    //N表示要统计成绩的学生人数
    int y[ ] = {50,100,80,95,60};             //数组 x 中记录各分数段人数情况
    public ScoreGra2( )                       //数组 y 中保存学生的成绩
    {
        setSize(220,220);
        setVisible(true);
        for(int i = 0;i<5;i++ )
            x[i] = 0;
        for(int i = 0;i<N;i++ )
            switch(y[i]/10)
            {
                case 10:
                case 9:x[0] ++ ;break;
                case 8:x[1] ++ ;break;
                case 7:x[2] ++ ;break;
                case 6:x[3] ++ ;break;
                default:x[4] ++ ;
            }
        for(int i = 0;i<5;i++ )               //统计各分数段所占圆周的比例
            x[i] * = 360/N;
    }
```

```java
public void paint(Graphics g)
{
    int s = 0;
    for(int i = 0;i<5;i++)
    {
        switch(i)                           //确定数组 x 中各元素对应的颜色
        {
            case 0:g. setColor(Color. red);break;
            case 1:g. setColor(Color. green);break;
            case 2:g. setColor(Color. blue);break;
            case 3:g. setColor(Color. yellow);break;
            case 4:g. setColor(Color. black);
        }
        if(i==0)
        {
            g. fillArc(50,50,100,100,0,x[i]);
        }
        else
        {
            s+=x[i-1];
            g. fillArc(50,50,100,100,s,x[i]);
        }
    }
    g. setColor(Color. red);                //显示分数段和颜色的对应关系
    g. fillRect(15,160,15,15);
    g. drawString(":优",32,170);
    g. setColor(Color. green);
    g. fillRect(50,160,15,15);
    g. drawString(":良",67,170);
    g. setColor(Color. blue);
    g. fillRect(85,160,15,15);
    g. drawString(":中",102,170);
    g. setColor(Color. yellow);
    g. fillRect(120,160,15,15);
    g. drawString(":及",137,170);
    g. setColor(Color. black);
    g. fillRect(155,160,15,15);
    g. drawString(":不及格",172,170);
}
public static void main (String[ ]args)
{new ScoreGra2( );
}
}
```

程序的运行结果如图 6—1 （b）所示。

知识分析

本程序中首先定义了两个数组，分别用于存储多名学生的成绩和各个分数段的学生人数，然后计算出各个分数段人数在整个饼图中所占的比例，并选取合适的颜色绘制饼图中的扇形。本任务中用到了 Graphics 类和 Color 类，完成了图形的绘制和颜色的选取。

二、相关知识：Color 类的构造方法、颜色常量和颜色选取

Graphics 类对所有的绘图方法都采用默认的当前颜色，得到的图形呆板而没有生机。为了绘制更加多彩漂亮的图形，可以调用 setColor（）方法对所绘图形颜色进行修改。在 Java 中，可以通过 Color 类实现颜色的控制。颜色的使用可以通过下面几种方式来实现。

（一）Color 类的构造方法

Color 类构造方法如下：

（1）Color（float red，float green，float blue）：指定三原色的浮点值，每个参数值在 0.0～1.0 之间。

（2）Color（int red，int green，int blue）：指定三原色的整数值，每个参数值在 0～255 之间。

（3）Color（int rgb）：指定一个整数值代表三原色的混合值，16～23 位代表红色，8～15 位代表绿色，0～7 位代表蓝色。

（二）颜色常量

除了利用 Color 类来创建自己的颜色对象外，用户还可以直接使用 Color 类中定义好的颜色常量。Java 预定义了 13 种颜色，如表 6—1 所示。

表 6—1　　　　　　　　　　　色彩与颜色值

颜色常量	色　彩	RGB 值
Color. black	黑色	(0,0,0)
Color. blue	蓝色	(0,0,255)
Color. cyan	青色	(0,255,255)
Color. darkGray	深灰色	(64,64,64)
Color. gray	灰色	(128,128,128)
Color. green	绿色	(0,255,0)
Color. lightGray	浅灰色	(192,192,192)
Color. magenta	洋红色	(255,0,255)
Color. orange	橙色	(255,200,0)
Color. pink	粉红色	(255,17,175)
Color. red	红色	(255,0,0)
Color. white	白色	(255,255,255)
Color. yellow	黄色	(255,255,0)

（三）颜色选取

swing 包中的 JColorChooser 提供了一个可供用户操作和选择颜色的控制器窗口。该类中的静态方法 showDialog( ) 用于调出颜色选择窗口。showDialog( ) 方法的声明如下：

```
public static Color showDialog(Component component,String title,Color initialColor)
throws HeadlessException
```

如果用户单击"确定"按钮，则隐藏/释放对话框并返回所选颜色。如果用户单击"撤销"按钮或者在没有单击"确定"按钮的情况下关闭对话框，则隐藏/释放对话框并返回 null。其中，对话框为模式显示的颜色选取器窗口。

参数说明：

component：对话框的父 Component，即对话框显示时所依附的组件。

title：显示在对话框标题栏中的 String。

initialColor：显示颜色选取器时的初始 Color 设置。

返回：所选颜色；如果用户退出，则返回 null。

在程序中执行如下语句：

```
Color c = JColorChooser.showDialog(null,"选择颜色",Color.black);
```

则显示出"选择颜色"对话框，如图 6—9 所示。

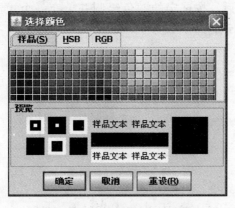

图 6—9　"选择颜色"对话框

若用户选取了某种颜色，则把相应的颜色对象赋予 c，通过 c 可控制输出图形的颜色。

【例 6—7】 控制输出图形或字符串的颜色。

```
import java.awt. * ;
import javax.swing. * ;
class MyFrame extends Frame
{
    public void paint(Graphics g)
    {
        g.setColor(Color.red);
        g.drawRect(30,30,50,50);
        //调出"选择颜色"对话框，等待用户选择颜色
        Color c = JColorChooser.showDialog(null,"选择颜色",Color.black);
        g.setColor(c);
```

```
        g. fillRect(90,30,50,50);
        String s = "This is a String. ";
        g. setColor(Color. yellow);
        g. drawString(s,30,100);
    }
    public MyFrame( )
    {
        super("颜色演示");
        setSize(170,120);
        setVisible(true);
    }
    public static void main(String args[ ])
    {
        new MyFrame();
    }
}
```

程序运行时，先在窗体上绘制一个红色空心矩形，同时弹出"选择颜色"对话框，用户从中选取一种颜色并确定后，按选定的颜色绘制并填充一个矩形，然后输出黄色字符串"This is a string"。程序的运行结果如图 6—10 所示。

图 6—10　运行结果

综合实训六　绘图软件的制作

【实训目的】

通过本实训项目使学生能较好地掌握 Graphics 类、Font 类、Color 类的综合运用，能提高事件处理机制的解决能力，提高学生分析问题、解决问题的能力。

【实训情景设置】

学习了 Graphics 类、Font 类、Color 类，了解了类中的方法，通过对前面所学知识的综合运用，加深对它们的掌握和使用。在本实训项目中实现了在窗口中通过拖动的方式画直线、矩形、圆，可设置绘制图形的颜色，还可以通过拖动来绘制任何形状的线，并按设定的字体输出文本。

【项目参考代码】

```
import java. awt. *;
import java. awt. event. *;
import javax. swing. *;
class DrawExam extends Frame implements ActionListener,MouseMotionListener,
```

```
MouseListener
{
    String font, outText;                        //对成员变量的定义
    int size;
    String shape = "";
    int x1, y1, x2, y2;
    Color c;
    Panel p1, p2;
    JButton line, rect, circle, pencil, color;
    JLabel l1, l2, l3;
    Choice ch;
    JTextField t1, t2;
    JButton text, ok;
    public DrawExam( )
    {
        super("我的绘图软件");
        p1 = new Panel( );
        line = new JButton("直线");
        rect = new JButton("矩形");
        circle = new JButton("圆");
        pencil = new JButton("画笔");
        color = new JButton("颜色");
        line. addActionListener(this);           //添加组件对应的事件监听器
        rect. addActionListener(this);
        circle. addActionListener(this);
        pencil. addActionListener(this);
        color. addActionListener(this);
        addMouseMotionListener(this);
        addMouseListener(this);
        p1. add(line);                           //向 p1 面板中添加按钮组件
        p1. add(rect);
        p1. add(circle);
        p1. add(pencil);
        p1. add(color);
        add("North", p1);                        //将 p1 添加到窗体的指定位置
        setSize(600, 300);
        text = new JButton("文本");
        l1 = new JLabel("选择字体:");
        l2 = new JLabel("设置字号:");
        l3 = new JLabel("输入内容:");
        ch = new Choice( );
        ch. add("宋体");
        ch. add("黑体");
```

```
        ch. add("隶书");
        ch. add("楷体_GB2312");
        t1 = new JTextField(2);
        t2 = new JTextField(10);
        ok = new JButton("确定");
        p2 = new Panel( );
        p2. add(text);                      //向 p2 面板中添加组件
        p2. add(l1);        p2. add(ch);        p2. add(l2);
        p2. add(t1);        p2. add(l3);        p2. add(t2);
        p2. add(ok);
        text. addActionListener(this);
        ok. addActionListener(this);
        add("South", p2);
        addWindowListener(
            new WindowAdapter( )
                {
                        public void windowClosing(WindowEvent e)
                        {
                                System. exit(0);
                        }
                }
        );
        setVisible(true);
    }
    public void actionPerformed(ActionEvent e)
    {
        if(e. getSource( ) == line||e. getSource( ) == rect||e. getSource( ) == circle||
           e. getSource( ) == pencil)          //选择绘制的图形样式
        {
            shape = e. getActionCommand( );
            x1 = 0;                           //初始图形绘制位置
            y1 = 0;
            x2 = 0;
            y2 = 0;
        }
        if(e. getSource( ) == color)          //选取颜色
        {
            c = JColorChooser. showDialog(null, "选择颜色", Color. black);
        }
        if(e. getSource( ) == text)           //绘制文本
        {
            shape = e. getActionCommand( );
            x1 = 0;
```

```
            y1 = 0;
            x2 = 0;
            y2 = 0;
        }
        if(e. getSource( ) == ok)              //确认操作
        {
            font = ch. getSelectedItem( );
            size = Integer. parseInt(t1. getText( ));
            outText = t2. getText( );
            repaint( );
        }
    }
    public void update(Graphics g)
    {
        paint(g);                              //在组件上对图形重绘
    }
    public static void main(String args[ ])
    {
        new DrawExam( );
    }
    public void paint(Graphics g)
    {
        g. setColor(c);
        if(shape. equals("直线"))
            g. drawLine(x1, y1, x2, y2);
        if(shape. equals("矩形"))
            g. drawRect(x1, y1, x2 - x1, y2 - y1);
        if(shape. equals("圆"))
            g. drawOval(x1, y1, x2 - x1, y2 - y1);
        if(shape. equals("画笔"))
            g. drawLine(x1, y1, x1, y1);
        if(shape. equals("文本"))
        {
            g. setFont(new Font(font, 0, size));
            g. drawString(outText, x1, y1);
        }
    }
    public void mouseDragged(MouseEvent e)        //获取图形的起点
    {
        if(shape. equals("画笔"))
            {
                x1 = (int)e. getX( );
                y1 = (int)e. getY( );
                repaint( );
```

```
        }
    }
    public void mouseMoved(MouseEvent e){ }
    public void mousePressed(MouseEvent e)        //获取图形的终点
    {
        x1 = e. getX( );
        y1 = e. getY( );
    }
    public void mouseReleased(MouseEvent e)
    {
        x2 = e. getX( );
        y2 = e. getY( );
        repaint( );
    }
    public void mouseClicked(MouseEvent e){ }
    public void mouseEntered(MouseEvent e){ }
    public void mouseExited(MouseEvent e){ }
}
```

【程序模拟运行结果】

程序的运行结果如图 6—11 所示。

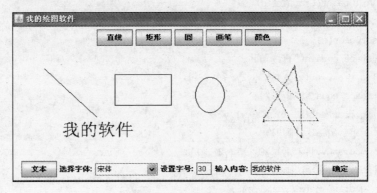

图 6—11 运行结果

拓展动手练习六

1. 练习目的

(1) 熟悉 Color 类和 Font 类的基本用法。

(2) 掌握应用 Graphics 类绘制图形的方法。

2. 练习内容

(1) 编写程序，实现在绘图区域绘制一个正方形（红色）和正方形的内切圆（蓝色填充），如图 6—12 所示。

(2) 利用两个重叠的圆画出月亮的效果，如图 6—13 所示。

图 6—12 绘制的图形   图 6—13 效果

（3）设计如图 6—14 所示的窗口，当用户选择"圆"（矩形）选项时，将在屏幕上绘制圆（矩形），当按"上移"、"下移"、"左移"或"右移"键时，能产生移动效果（在另一位置重画图形）。

图 6—14 最终的效果

习 题 六

一、选择题

1. 以下类中，具有绘图能力的类是（　　　）。

A. Image　　　　　　　B. Graphics　　　　　　　C. Font　　　　　　　D. Color

2. Graphics 类中提供的绘图方法分为两类：一类是绘制图形，另一类是绘制（　　　）。

A. 屏幕　　　　　　　B. 文本　　　　　　　C. 颜色　　　　　　　D. 图像

3. 下列方法中不属于 Graphics 类的显示文本的方法是（　　　）。

A. drawBytes　　　　　B. drawChars　　　　　C. drawString　　　　　D. drawLine

4. 下面的程序实现了在窗口中绘制一个以（70,70）为圆心，50 为半径，边框是绿色的圆，圆心是红色的。应填入的语句行是（　　　）。

```
class exam extends Frame
{
    public void paint(Graphics g)
    {
        g. setColor(Color. green);
        g. drawOval(20,20,100,100);
        g. setColor(Color. red);
        _____;
    }
}
```

A. drawRect(70,70,1,1);   B. g. drawRect(70,70,1,1);

C. g. drawLine(70,70,1,1);   D. g. drawOval(70,70,70,70);

5. 在窗体的坐标（50,50）处以红色显示"红色文字"，填入的正确语句是（　　）。

```
class exam extends Frame
{  public void paint(Graphics g)
   {
      _____;
      g. drawString("红色文字",50,50);
   }
}
```

A. g. setColor(Color. Red);   B. setColor(Color. red);

C. g. setColor(Color. red);   D. setcolor(Color. red);

6. 下列方法中不能完成画直线的方法是（　　）。

A. drawPolyline   B. drawRect   C. drawLine   D. drawChars

二、填空题

1. paint( ) 方法的参数是_____类的实例。

2. drawRect(int x1,int y1,int x2,int y2)中，x2 和 y2 分别代表矩形的_____。

3. 如果在（60,80）处画一个点，通过 drawOval 方法实现，则该方法中的参数应为_____。

4. 如果画圆角矩形，drawRect 方法中的参数应为____个，其中后两个参数的作用是_____。

5. 如果设定输出在某个组件上的文本的字体，用的方法是_____，该方法中的参数应是_____类的对象。

6. 以下程序输出的是_____。

```
class exam extends Frame
{  public void paint(Graphics g)
   {  g. setColor(Color. green);
      g. drawRect(20,20,1,30);
   }
}
```

三、编程题

1. 编写一个程序，输出 26 个蓝色大写字母，随机彩色输出 26 个小写字母。

2. 定义显示字符数组的方法 drawChars( )，将字符串中第 1、3、5、…个字符显示在窗体中，要求显示字体为：宋体、斜体、大小 30 点。

项目七　输入/输出流和文件操作

技能目标

能根据数据的类型选择相应的输入/输出流进行数据的读/写操作，能通过 File 类对文件进行操作。

知识目标

了解流的概念；
了解输入/输出流的基本知识；
了解文件的基本知识；
掌握常用的字节流和字符流及其方法；
掌握 File 类的使用。

项目任务

本项目完成输入/输出流和文件操作的基本功能，要求能选择合适的输入/输出流对数据进行读/写操作，能通过 File 类对文件进行操作。

项目解析

根据数据类型的不同，可把本项目分为 3 个任务，即字节输入/输出流、字符输入/输出流和文件操作。前两个任务分别按照输入和输出的顺序介绍各自的应用，比较有规律。文件操作则为大家介绍一些与文件操作有关的类，以及常见的文件操作。

任务一　字节输入/输出流

一、问题情景及实现

操作中的数据以字节为基本单位进行处理。具体实现代码如下：

//程序一：读取文件内容

```java
import java.io.FileInputStream;
import java.io.DataInputStream;
import java.io.EOFException;
public class InputStreamTest
{
    public static void main(String[ ]args) throws Exception
    {
        FileInputStream fis = new FileInputStream("test1.txt");        //创建字节输入流对象
        DataInputStream dis = new DataInputStream(fis);                //创建过滤器输入流对象
        try{
            while (true)
            {
                System.out.println(dis.readInt( ));
            }
        }
        catch(EOFException e){
            dis.close( );
            fis.close( );
        }
    }
}
```

//程序二：向文件写入数据

```java
import java.io.FileOutputStream;
import java.io.DataOutputStream;
import java.io.IOException;
public class OutputStreamTest {
    public static void main(String[ ]args) throws IOException{
        FileOutputStream fos = new FileOutputStream("test1.txt");      //创建字节流输出流对象
        DataOutputStream dos = new DataOutputStream(fos);              //创建过滤器输出流对象
        for(int j = 0;j<10;j++){
            dos.writeInt(j);
        }
        dos.close( );
        fos.close( );
    }
}
```

知识分析

对数据进行以字节为单位的读/写操作，在操作之前，需要选择合适的基本字节输入/输出流和过滤流。在实际编写程序的过程中，我们其实就是通过对这些字节输入/输出流的操作，来完成对数据的操作的。

二、相关知识：流的概念、InputStream/OutputStream 类

（一）流的概念

流是一个抽象的概念。程序中处理的任何信息都是数据，当 Java 程序需要对数据进行操作时，必须与数据源联系起来，从数据源读取数据，或者往数据源写入数据。数据源的范畴比较广泛，可以是文件、内存、外围设备或者网络等。无论是读数据还是写数据，都会开启一个到数据源的流。换句话说，要想对数据进行操作，必须首先建立流；对数据的操作，也就是对流的操作。因此，Java 中引入流的概念，主要是为了更方便地处理数据的输入/输出。

任何一个流都必须有源端和目的端。对于流来说，它的方向很重要。根据流的方向，流可分为两类：输入流和输出流。用户可以从输入流中读取数据，但不能写数据。相反，对于输出流，只能向其中写入数据，而不能读数据。

实际上，流的源端和目的端可简单地看成是字节的生产者和消费者。对于输入流，可以不必关心它的源端是什么，只要能够简单地从流中读数据；而对于输出流，也可以不知道它的目的端，只要能够简单地向流中写数据。

按照处理数据类型的不同，流可以分为字节流和字符流。字节流以字节为基本单位进行处理，也称为原始数据，适合 7 位 ASCII 码的操作；而字符流以字符为基本单位进行处理，用 2 字节的 Unicode 作为编码。

在 JDK 1.1 之前，java.io 包中的流只包括普通的字节流（以 byte 为基本处理单位的流），这种流对于以 16 位的 Unicode 码表示的字符流处理很不方便，所以从 JDK1.1 开始，java.io 包中加入了专门用于字符流处理的类，使 Java 语言对字符流的处理更加方便和有效。

在 java.io 包中，已经提供了一些有关输入/输出的类。下面对它们进行详细介绍。

（二）InputStream/OutputStream 类

抽象类 InputStream 和 OutputStream 是所有字节流的基类，二者都是抽象类，它们分别提供了输入和输出处理的基本接口，并且分别实现了其中的方法。图 7—1 和图 7—2 分别描述了字节输入流和字节输出流的结构层次，从中也可以看出，InputStream 是所有字节输入流的父类，而 OutputStream 是所有字节输出流的父类。

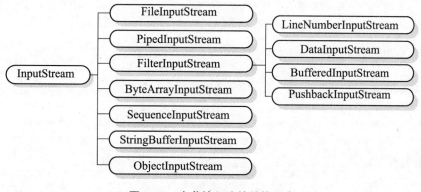

图 7—1 字节输入流的结构层次

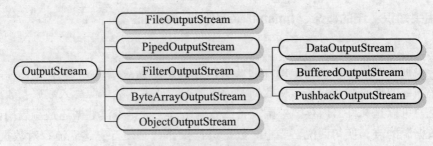

图 7—2　字节输出流的结构层次

1. InputStream 类

InputStream 类负责从合法的数据源中取得输入，每一种数据源都有相应的 Input-Stream 子类，这些子类是对 InputStream 进行包装后得到的，它们的功能、应用场合不同。

（1）InputStream 有 5 个低级输入流，它们的功能如下：

①ByteArrayInputStream：从内存数组中读取数据字节。

②FileInputStream：从本地文件系统中读取数据字节。

③PipedInputStream：从线程管道中读取数据字节。

④StringBufferInputStream：从字符串中读取数据字节。

⑤SequenceInputStream：将多个 InputStream 合并为一个。

（2）除了构造方法外，InputStream 中所提供的方法主要如下：

①从流中读取数据。

```
int read( );
```
//从输入流中读取 1 字节，返回范围在 0～255 的一个整数，该方法的属性为 abstract，必须为子类所实现
```
int read(byte b[ ]);
```
//从输入流中读取长度为 b.length 的数据，写入字节数组 b，并返回读取的字节数
```
int read (byte b[ ],int off,int len);
```
//从输入流中读取长度为 len 的数据，写入字节数组 b 中从索引 off 开始的位置，并返回读取的字节数

对于以上方法，如果达到流的末尾位置，则返回－1 表明流的结束。

```
int available( );               //返回从输入流中可以读取的字节数
long skip(long n);
```
//从输入流的当前读取位置向前移动 n 个字节，并返回实际跳过的字节数

②关闭流并且释放与该流相关的系统资源。

```
close( );
```
//关闭流通过调用方法 close( ) 显式进行，也可以在系统对流进行垃圾收集时隐式进行

③使用输入流中的标记。

```
void mark(int readlimit);
```
//在输入流的当前读取位置做标记，从该位置开始读取 readlimit 所指定的数据后，标记失效
```
void reset( );
```
//重置输入流的读取位置为方法 mark( ) 所标记的位置

```
boolean markSupport( );          //确定输入流是否支持方法 mark( )和 reset( )
```

从以上方法中可以看到，InputStream 中主要提供了对数据读取的基本支持，其中的方法通常都需要在类中被重写，以提高效率或者适合于特定流的需要。

上述各种输入流都是针对文件进行操作的，如果想在程序中完成对数据的输入，还需要用到过滤器流。下面介绍过滤器流的概念。

（3）过滤器流。

过滤器流也有输入流和输出流之分。过滤器输入流一般与某一个已经存在的输入流联系，过滤器输入流从该输入流读取数据，并且在数据传送给客户程序之前转换或操作数据；而过滤器输出流则可以将数据写入一个已经存在的输出流中。不同的过滤器流可以连接到同一个底层的流上，过滤器流的主要作用是压缩、缓冲、翻译、加密等。

InputStream 中有一个子类 FilterInputStream，它是一个典型的过滤器输入流，Filter 本身就是过滤器的意思。我们经常把一个滤水器安放在水管和水龙头之间，滤掉杂质。而在程序中，我们把流过滤器安放在数据源和最终目的地之间，对数据执行某种算法。流过滤器不仅可以去掉程序员不想要的数据，还可以增加数据或其他注解，甚至可以提供一个与初始流完全不同的流。

FilterInputStream 类的构造方法为 FilterInputStream（InputStream），在指定的输入流之上，创建一个输入流过滤器。FilterInputStream 的常用子类如下：

①BufferedInputStream：缓冲区对数据的访问，以提高效率。

②DataInputStream：从输入流中读取基本数据类型，如 int、float、double 或者一行文本。

③LineNumberInputStream：在翻译行结束符的基础上，维护一个计数器，该计数器表明正在读取的行。

④PushbackInputStream：允许把数据字节向后推到流的首部。

在前面"问题情景及实现"的第一个程序中，我们选择字节输入流 FileInputStream 与文件 test1. txt 建立关联，对 FileInputStream 类对象 fis 的操作也就是对文件 test1. txt 的操作。另外，我们选择 DataInputStream 作为与 FileInputStream 类对象 fis 配合使用的过滤器流。

DataInputStream 的 readInt( ) 方法每次从输入流读入 4 字节，然后将它们翻译成一个整型数据，循环调用这个方法，直到文件末尾。该方法会抛出 EOFException 异常，因此我们将相关语句放在 try 语句中进行。

2. OutputStream 类

OutputStream 类负责将信息送至输出目标中，这个类也有很多子类，并且也不直接使用，而是对它进行包装后，使用各种过滤器类。

除了构造方法外，OutputStream 中封装的方法主要实现对输出数据的支持。

（1）输出数据的方法如下：

①void write(int b)：将指定的字节 b 写入输出流。该方法的属性为 abstract，必须被子类实现。

注意：参数中的 b 为 int 类型，如果 b 的值大于 255，则只输出低位字节所表示的值。

②void write(byte b〔 〕)：把字节数组 b 中的 b. length 字节写入输出流。

③void write(byte b[],int off，int len)：把字节数组 b 中从索引 off 开始的 len 字节写入输出流。

（2）flush（ ）：刷新输出流，并输出所有被缓存的字节。

（3）关闭流。与类 InputStream 类似，可以用方法 close（ ）显式地关闭输出流，也可以在系统对流对象进行垃圾收集时隐式关闭输出流。

通常 OutputStream 中的方法需要在类中被重写，以提高效率或者适合于特定流的需要。由于 OutputStream 类的子类以及过滤输出流与 InputStream 类一一对应，所以这里不再赘述。

在前面"问题情景及实现"的第二个程序中，我们选择了字节输出流 FileOutputStream 与文件 test1. txt 建立关联，对 FileOutputStream 类对象 fos 的操作也就是对文件 test1. txt 的操作。另外，我们选择 DataOutputStream 作为与 FileOutputStream 类对象 fos 配合使用的过滤器流。

DataOutputStream 的 writeInt(int i) 方法每次将一个 int 值以 4 字节形式写入字节输出流中，先写入高字节，后写入低字节。在本任务中，我们循环 10 次调用这个方法，将 0～9 共 10 个数字写入文件。该方法会抛出 IOException 异常，因此在偏写 main 方法时需要声明。

需要注意的是，writeInt(int i) 方法每次写入 4 字节，而 .txt 文件是以字符形式显示的，因此在执行完该程序之后，文件中的数据可能与我们想象的有差距。例如，程序二的运行结果如图 7—3 所示。

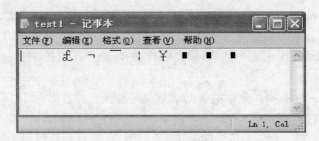

图 7—3 运行结果

从图 7—3 中可以明显看出，文件中的内容不是我们写入的 10 个数字。如果本题目与第一个程序结合验证，先写入、再读出，则结果就不会有问题了。

任务二 字符输入/输出流

一、问题情景及实现

操作中的数据以字符为单位进行处理。具体实现代码如下：

```java
//程序一：读取文件内容
import java.io. * ;
public class ReaderTest{
    public static void main(String args[ ]) throws IOException{
        String s;
```

```
        FileInputStream fis;
        InputStreamReader isr;                              //声明字符输入流对象
        BufferedReader br;                                  //声明过滤器输入流对象
        fis = new FileInputStream("test2.txt");
        isr = new InputStreamReader(fis);
        br = new BufferedReader(isr);
        while((s = br.readLine( ))! = null)
        System.out.println("现在读的是:" + s);
         fis.close( );
         isr.close( );
         br.close( );
      }
}
```

//程序二：向文件中写入数据

```
import java.io. * ;
public class WriterTest{
    public static void main(String args[ ]) throws IOException{
        String[ ]s = {
            "hello",
            "thanks",
            "byebye"
        };
        FileWriter fw = new FileWriter("test2.txt");        //创建字符输出流对象
        PrintWriter pw = new PrintWriter(fw);               //创建过滤器输出流对象
        for(int i = 0;i<s.length;i++){
            pw.println(s[i]);
        }
        pw.close( );
        fw.close( );
    }
}
```

知识分析

　　对数据也可以进行以字符为单位的读/写操作，字符流与字节流的应用相类似，在进行操作之前，需要选择合适的基本字符输入/输出流和过滤流。在实际程序中，我们其实就是通过对这些字符输入/输出流的操作，来完成对数据的操作的。

二、相关知识：Reader/Writer 类

　　前面我们提到过，在 JDK1.1 版本之前，java.io 包中的流只有普通的字节流，这种流都以字节为基本的处理单位，但是对于以 16 位的 Unicode 码表示的字符处理就很不方便了。从 JDK1.1 开始，java.io 包中加入了专门基于字符流处理的类，使 Java 语言对字符流的处

理更加方便有效。

Java 语言中关于字符流处理的类都是基于 Reader 和 Writer 的类，这两个类也都是抽象类，它们本身不能生成实例，只是提供了用于字符流处理的接口，通过由它们派生出来的子类对象处理字符流。图 7—4 和图 7—5 分别描述了字符输入流和字符输出流的结构层次，从图中可以看出，Reader 是所有字符输入流的父类，而 Writer 是所有字符输出流的父类。字符流的类名都有特点，一般输入流类都以"Reader"结尾，而输出流类都以"Writer"结尾。

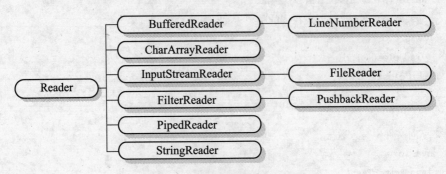

图 7—4　字符输入流的结构层次

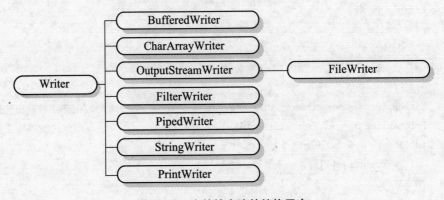

图 7—5　字符输出流的结构层次

下面我们就对字符流类进行概要的介绍，并通过例题说明其功能。

（一）Reader 类

1. Reader 类的常用子类及其功能

Reader 类的常用子类及其功能如下：

（1）CharArrayReader：从字符数组中读取数据。

（2）FileReader(InputStreamReader 的子类)：从本地文件系统中读取字符序列。

（3）StringReader：从字符串中读取字符序列。

（4）PipedReader：从线程管道中读取字符序列。

2. Reader 类的主要方法

Reader 类的主要方法如下：

（1）读取字符。

①public int read( ) throws IOException：读取一个字符。

②public int read(char cbuf[ ]) throws IOException：读取一系列字符到数组 cbuf[ ]中。

③public abstract int read（char cbuf[],int off,int len) throws IOException：读取 len 个字符到数组 cbuf[]的索引 off 处，该类必须被子类实现。

（2）标记流。

①pulbic boolean markSupported( )：判断当前流是否支持做标记。

②public void mark(int readAheadLimit) throws IOException：给当前流做标记，最多支持 readAheadLimit 个字符的回溯。

③public void reset( ) throws IOException：将当前流重置到标记处。

（3）关闭流。

public abstract void close( ) throws IOException：该方法必须被子类实现。一个流关闭之后，再对其进行 read( )、ready( )、mark( )、reset( ) 会产生 IOException，对一个已经关闭的流进行 close( ) 不会产生任何效果。

（4）过滤器流。

与字节流一样，字符流也经常需要与过滤器流合作，从而有效地对字符数据进行操作。常见的面向字符流的过滤器流如下：

①BufferedReader：缓冲数据的访问，以提高运行效率。

②LineNumberReader(BufferedReader 的子类)：维护一个计数器，该计数器表明正在读取的行。

③FilterReader(抽象类)：提供一个类，创建过滤器时可以扩展这个类。

④PushbackReader(FilterReader 的子类)：允许把文本数据推回到读取器的流中。

在前面"问题情景及实现"的第一个程序中，我们选择了字符输入流 InputStream-Reader，通过其对象 isr 来与文件 test2. txt 建立关联，对 InputStreamReader 类对象 isr 的操作也就是对文件 test2. txt 的操作。另外，我们选择 BufferedReader 作为与 InputStream-Reader 类对象 isr 配合使用的过滤器流。

BufferedReader 的 readLine( ) 方法每次可以读取一个文本行，效率比较高，这也是我们选择 BufferedReader 的一个原因。该方法也会抛出 IOException 异常，因此在写 main 方法时需要声明。

（二）Writer 类

Writer 类的主要方法如下：

（1）向输出流写入字符。

①public void writer(int c) throws IOException：将整数值 c 的低 16 位写入输出流。

②public void writer(char cbuf[]) throws IOException：将字符数组 cbuf[]中的字符写入输出流。

③public abstract void write(char cbuf[],int off,int len) throws IOException：将字符数组 cbuf[]中的从索引 off 开始处的 len 个字符写入输出流。

④public void write(String str) throws IOException：将字符串 str 中的字符写入输出流。

⑤public void write(String str,int off,int len) throws IOException：将字符串 str 中的从索引 off 开始处的 len 个字符写入输出流。

（2）flush( )：刷新输出流，并输出所有被缓存的字节。

（3）关闭流。

public abstract void close( ) throws IOException：该方法必须被子类实现。一个流关闭之后，再对其进行 read( )、ready( )、mark( )、reset( ) 将会产生 IOException；对一个已关闭的流再进行 close( )，不会产生任何效果。

Writer 类的子类以及过滤输出流与前面所介绍的 Reader 类都是一一对应的，这里不再赘述。

在"问题情景及实现"的第二个程序中，我们选择了字符输入流 FileWriter，通过其对象 fw 与文件 test2.txt 建立关联，对 FileWriter 类对象 fw 的操作也就是对文件 test2.txt 的操作。另外，我们选择 PrintWriter 作为与 FileWriter 类对象 fw 配合使用的过滤器流。

PrintWriter 的 println( ) 方法每次可以向流中写入一个文本行，它与上述的 BufferedReader 的 readLine( ) 方法是对应的，使用起来比较方便，这也是我们选择 PrintWriter 的一个原因。

任务三　文件操作

一、问题情景及实现

在输入/输出操作中，直接对文件进行操作。具体实现代码如下：

```
class TestFileMethods{
    public static void main(String args[ ]){
        File f = new File("test1.txt");                //创建文件对象
        System.out.println("exist? " + f.exists( ));
        System.out.println("name: " + f.getName( ));
        System.out.println("path: " + f.getPath( ));
        System.out.println("absolutepath: " + f.getAbsolutePath( ));
        System.out.println("parent" + f.getParent( ));
        System.out.println("is a file? " + f.isFile( ));
        System.out.println("is a directory? " + f.isDirectory( ));
        System.out.println("length: " + f.length( ));
        System.out.println("can read? " + f.canRead( ));
        System.out.println("can write? " + f.canWrite( ));
        System.out.println("last modified: " + f.lastModified( ));
    }
}
```

运行结果如下：

exist? true
name: test1.txt
path: test1.txt
absolutepath: D:\Java\test1.txt
parent: null

```
is a file? true
is a directory? false
length: 36
can read? true
can write? true
last modified: 1251185347691
```

 知识分析

除了数据之外，对文件本身也可以进行操作。与字符流和字节流的应用相类似，在进行操作之前，需要通过 File 类与具体文件联系起来。在实际程序中，我们就是通过对 File 类对象的操作，来完成对数据的操作的。

二、相关知识：File 类、File 类的方法、文件的顺序处理和随机访问

在输入/输出操作中，最常见的是对文件的操作。java.io 包中提供了部分支持文件处理的类，包括 File、FileDescriptor、FileInputStream、FileOutputStream、RamdomAccessFile 以及接口 FilenameFilter。其中，最常用到的类就是 File 类。

（一）File 类

File 是"文件"的意思，但是，在大家熟悉了 File 类的应用之后会发现，更多的时候 File 类是用来表示文件路径的，它提供了很多方法，可以对文件的属性进行操作，包括文件名、绝对路径、文件长度、是否可读/写等。

虽然在一定程度上，我们可以把 File 类对象等同于某一个文件，但是通过 File 类提供的方法，我们只能对文件本身的一些属性进行操作，至于与文件内容有关的操作，如打开/关闭文件、读出/写入信息等，在 File 类里是没有定义的，这些操作只能通过输入/输出流来完成。

（二）File 类方法

1. 文件的生成

File 类中提供了 3 种构造方法生成一个文件或目录。

（1）public File(String path)：path 包含路径及文件名。

（2）public File(String path,String name)：path 代表路径，name 代表文件名。

（3）public File(File dir,String name)：dir 代表 File 类型的路径，name 代表文件名。

2. 文件名的处理

文件名的处理方法如下：

（1）String getName( )：得到一个文件的名称（不包括路径）。

（2）String getPath( )：得到一个文件的路径名。

（3）String getAbsolutePath( )：得到一个文件的绝对路径名。

（4）String getParent( )：得到一个文件的上一级目录名。

（5）String renameTo(File newName)：重新命名当前文件。

3. 文件属性测试

文件属性的测试方法如下：

（1）boolean exists( )：测试当前 File 对象所指示的文件是否存在。

（2）boolean canWrite( )：测试当前文件是否可写。

（3）boolean canRead( )：测试当前文件是否可读。

（4）boolean isFile( )：测试当前文件是否是文件。

（5）boolean isDirectory( )：测试当前文件是否是目录。

4. 普通文件信息和工具

普通文件信息和工具的方法如下：

（1）long lastModified( )：到文件最近一次修改的时间。

（2）long length( )：得到文件的长度，以字节为单位。

（3）Boolean delete( )：删除当前文件。

5. 目录操作

目录操作的方法如下：

（1）boolean mkdir( )：根据当前对象生成一个由该对象指定的路径。

（2）String list( )：列出当前目录下的文件。

在前面"问题情景及实现"的程序中，我们通过构造方法 File（"test1.txt"）把文件对象 f 和文件 test1.txt 联系在一起，后面通过 f 调用 File 类的各种方法，从而得到 test1.txt 的各种属性。

（三）文件顺序处理

前面提到的输入/输出流，也有基于文件处理的，其中 FileInputStream 和 FileOutputStream 就是用来专门进行文件的输入/输出处理的。在这两个类中，分别提供了方法用来对本地主机上的已经打开的文件进行顺序的读和写操作。

1. FileInputStream 类

FileInputStream 类用于读取诸如图像数据之类的原始字节流，它的常用方法如下：

（1）int available( )：返回下一次对此输入流调用的方法，可以不受阻塞地从此输入流读取（或跳过）剩余字节数。

（2）void close( )：关闭此文件输入流，释放与此流有关的所有系统资源。

（3）protected void finalize( )：确保不再引用文件输入流时调用 close 方法。

（4）int read( )：从此输入流中读取一个数据字节。

（5）int read(byte[ ] b)：从此输入流中将最多 b.length 字节的数据读入数组 b 中。

（6）int read(byte[ ] b,int off,int len)：从此输入流中将最多 len 字节的数据读入数组 b 中。

（7）long skip(long n)：从输入流中跳过并丢弃 n 字节的数据。

在生成类 FileInputStream 对象时，一般使用 File 类对象作为参数，如果 File 类对象指定的文件存在，则没有任何问题；如果指定的文件不存在或者找不到，则程序会生成 FileNotFoundException 异常，根据前面有关异常的知识，我们知道必须对它进行捕获并处理。

2. FileOutputStream 类

FileOutputStream 类用于写入诸如图像数据之类的原始字节的流，它的常用方法如下：

（1）void close( )：关闭此文件输出流并释放与此流有关的所有系统资源。

（2）protected void finalize( )：清理到文件的连接，并确保不再引用此文件输出流时调用 close 方法。

(3) FileChannel getChannel( )：返回与此文件输出流有关的唯一 FileChannel 对象。

(4) FileDescriptor getFD( )：返回与此流有关的文件描述符。

(5) void write(byte[ ]b)：将 b.length 字节从指定数组 b 写入此文件输出流中。

(6) void write(byte[ ]b,int off,int len)：将指定数组 b 中从偏移量 off 开始的 len 字节写入此文件输出流中。

(7) void write(int b)：将指定字节写入此文件输出流中。

在生成类 FileOutputStream 的对象时，也是使用 File 类对象作为参数的，与输入流对象的创建不同的是，如果 File 类对象指定的文件不存在，并不抛出异常，而是新建一个文件。

另外，无论进行文件的读操作还是写操作，都会产生 IOException 异常，所以必须捕获或声明抛出该异常。

(四) 文件的随机访问

类 InputStream 和 OutputStream 的实例都是顺序访问流，即只能对文件进行顺序读/写操作。但是，这种顺序操作还是受到了一定的限制，对于一些特殊操作，它是无法顺利进行的。随机访问文件则提供了一种比较灵活的机制，它允许对文件内容进行随机的读和写操作。

RandomAccessFile 类称为随机访问文件类，提供了对文件进行随机访问的支持。它直接继承 Object 类，并且实现了接口 DataInput 和 DataOutput。DataInput 中定义的方法主要用来从流中读取基本类型的数据、读取一行数据或者读取指定长度的字节数；DataOutput 中定义的方法主要用来向流中写入基本类型的数据，或者写入一定长度的字节数组。

1. 文件位置指针的规律

RandomAccessFile 类是通过指针来实现对文件的随机访问的。文件位置指针遵循下面的规律：

(1) 新建 RandomAccessFile 对象的文件位置指针位于文件的开始处。

(2) 每次读写操作之后，文件位置指针都相应后移读/写的字节数。

(3) 通过 getFilePointer 方法来获得文件位置指针的地址，通过 seek 方法设置文件位置指针。

2. 构造方法

RandomAccessFile 类既可以充当输入流也可以充当输出流，其构造方法如下：

RandomAccessFile(路径＋文件名,String rw/r)：其中第二个参数表示创建模式，rw 代表写流，r 代表读流。

RandomAccess 类的其他常用方法如下：

long getFilePointer( )：获取文件指针的位置。

long length( )：获取文件的长度。

int read( )：从文件中读取 1 字节。

int read(byte[ ]b)：从文件中读取 b.length 字节的数据并保存到数组 b 中。

int read(byte[ ]b,int off,int len)：从文件中读取 len 字节的数据并保存到数组 b 指定的位置中。

boolean readBoolean( )：从文件中读取一个 boolean 值。

byte readbyte( )：从文件中读取一个字节。

char readChar( )：从文件中读取一个字符。

double readDouble( )：从文件中读取一个 double 值。

float readFloat( )：从文件中读取一个 float 值。

void readFully(byte[ ]b)：从文件中的当前指针位置开始读取 b. length 字节的数据到数组 b 中。

void readFully(byte[ ]b,int off,int len)：从文件中的当前指针位置开始读取 len 字节的数据到数组 b 指定的位置中。

int readInt( )：从文件中读取一个 int 值。

String readLine( )：从文件中读取一个字符串。

long readLong( )：从文件中读取一个 long 值。

short readShort( )：从文件中读取一个 short 值。

String readUTF( )：从文件中读取一个字符串。

void seek(long pos)：指定文件指针在文件中的位置。

void setLength(long newLength)：设置文件的长度。

int skipBytes(int n)：在文件中跳过指定的字节数。

void write(byte[ ]b)：向文件中写入一个字节数组。

void write(byte[ ]b,int off,int len)：在文件中向数组 b 写入从 off 位置开始长度为 len 的字节数据。

void write(int b)：向文件中写入一个 int 值。

void writeBoolean(boolean v)：向文件中写入一个 boolean 值。

void writeByte(int v)：向文件中写入一个字节。

void writeByte(String s)：向文件中写入一个字符串。

void writeChar(int v)：向文件中写入一个字符。

void writeChars(String s)：向文件中写入一个字符数据的字符串。

void writeDouble(double v)：向文件中写入一个 double 值。

void writeFloat(float v)：向文件中写入一个 float 值。

void writeInt(int v)：向文件中写入一个 int 值。

void writeLong(long v)：向文件中写入一个 long 值。

void writeShort(int v)：向文件中写入一个短型 int 值。

void writeUTF(String str)：向文件中写入一个 UTF 字符串。

【例 7—1】随机访问文件。

```
import java. io. * ;
class RandomAccessDemo
{
    public static void main(String args[ ])throws IOException
    {  //声明随机访问文件对象
        RandomAccessFile f = new RandomAccessFile("testfile","rw");
```

```
        System. out. println ("文件长度:" + (f. length( )) + "B");
        System. out. println ("指针位置:" + f. getFilePointer( ));
        f. seek(f. length( ));
        f. writeBoolean(true);
        f. writeBoolean(false);
        f. writeInt(10);
        f. writeDouble(1. 0);
        f. writeChars("test");
        System. out. println("文件长度:" + (f. length( )) + "B");
        f. seek(0);
        System. out. println (f. readBoolean( ));
        System. out. println (f. readBoolean( ));
        System. out. println(f. readInt( ));
        System. out. println (f. readDouble( ));
        f. close( );
    }
}
```

运行结果如下：

文件长度:0B
指针位置:0
文件长度:22B
true
false
10
1. 0

综合实训七　简单记事本的实现

【实训目的】

通过本实训项目，使学生能较好地理解输入/输出流的概念、掌握输入流的读操作和输出流的写操作，以及文件处理的概念。

【实训情景设置】

文字处理工具是人们经常使用的工具，如 Word 和记事本等。文字处理工具中的打开和保存操作，实际上用到的就是输入/输出流的相关知识。本实训就是设计一个包括打开和保存操作的简单记事本，让读者加深对输入/输出流概念的理解。

【项目参考代码】

```
import java. awt. * ;
import java. awt. event. * ;
import javax. swing. * ;
import java. io. * ;
class MyNotebook extends JFrame implements ActionListener
```

```
    {
        super("简单记事本");
        JMenuBar menubar;
        JMenu menu;
        JMenuItem item1,item2,item3;
        JScrollPane scrollPane;
        JTextArea textarea;                    //此处使用 JTextArea 主要进行文本处理
        public MyNotebook( )
        {
          menubar = new JMenuBar( );
          menu = new JMenu("文件");
          this.setJMenuBar(menubar);
          menubar.add(menu);
          textarea = new JTextArea( );
          scrollPane = new JScrollPane(textarea);
          this.add(textarea);
          item1 = new JMenuItem("打开");
          item2 = new JMenuItem("保存");
          item3 = new JMenuItem("退出");
          menu.add(item1);
          menu.addSeparator( );
          menu.add(item2);
          menu.addSeparator( );
          menu.add(item3);
          item1.addActionListener(this);
          item2.addActionListener(this);
          item3.addActionListener(this);
          setSize(300,260);
          setVisible(true);
        }
      public void actionPerformed(ActionEvent e){
          if(e.getSource( ) == item1){
              textarea.setText("");
              JFileChooser fc = new JFileChooser( );
              try{
                  if(fc.showOpenDialog(this) == JFileChooser.APPROVE_OPTION)
                  {
                      String filename = fc.getSelectedFile( ).getAbsolutePath( );
                      FileReader fr = new FileReader(filename);          //创建字符输入流对象
                      BufferedReader br = new BufferedReader(fr);        //创建过滤器输入流对象
                      String s = "";
                      while((s = br.readLine( ))! = null){
                          textarea.append(s + "/n");
```

```
                }
                br.close( );
                fr.close( );
            }
        }
        catch(Exception ex){
            System.out.print(ex.toString( ));
        }
    }
    if(e.getSource( ) == item2){
        JFileChooser fc = new JFileChooser( );
        try{
                if(fc.showSaveDialog(this) == JFileChooser.APPROVE_OPTION)
                {
                String filename = fc.getSelectedFile( ).getAbsolutePath( );
                FileWriter fw = new FileWriter(filename);        //创建字符输出流对象
                BufferedWriter bw = new BufferedWriter(fw);        //创建过滤器输出流对象
                String s = textarea.getText( );
                bw.write(s);
                bw.close( );
                fw.close( );
            }
        }
        catch(Exception ex){
            System.out.print(ex.toString( ));
        }
    }

    if(e.getSource( ) == item3)
        System.exit(0);
}
public static void main(String args[ ])
{
    new MyNotebook( );
}
}
```

【程序模拟运行结果】

编译程序后，开始运行，即可出现如图 7—6 所示的界面。

单击"打开"菜单项，弹出如图 7—7 所示的对话框，选中文件进行处理。

也可以新创建一个文件，进行文字处理，然后选择文件菜单下的"保存"菜单项，如图 7—8 所示。同样需要选择路径，保存文件。

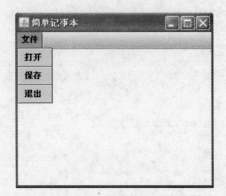

图 7—6　程序界面

图 7—7　"打开"对话框

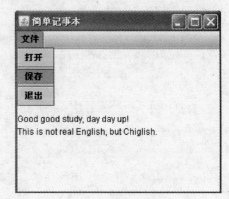

图 7—8　保存文件

拓展动手练习七

1. 练习目的

(1) 理解 Java 中输入/输出流的概念。

(2) 掌握常用的输入/输出类的功能及其读/写方法。

(3) 掌握 File 类及其方法的使用。

2. 练习内容

(1) 将 http://www. sohu. com 的内容读出，并将其内容保存到 sohu. txt 文件中。

(2) 分别列出本机 C 盘下文件和文件夹的名字，并列出文件的详细信息。

(3) 在 D 盘下建立文件 a. txt 并对其进行编辑，然后建立文件 b. txt，将 a. txt 的内容复制到 b. txt 中。

习　题　七

一、选择题

1. 下面（　　）类是过滤流 FilterInputStream 的子类。

　　A. DataInputStream　　　　　　　　　B. DataOutputStream

　　C. PrintStream　　　　　　　　　　　D. BufferedOutputStream

2. 下面哪个类可以作为 FilterInputStream 类的构造方法的参数？（　　）

    A. File   B. InputStream

    C. OutputStream   D. FilterOutputStream

3. 以下（　　）不是 io 包中的接口。

    A. DataInput   B. DataOutput

    C. DataInputStream   D. ObjectInput

4. 下列流中哪一个使用了缓冲区技术？（　　）

    A. BufferedOutputStream   B. FileInputStream

    C. DataOutputStream   D. FileReader

5. 下列哪个包是输入/输出处理必须引入的？（　　）

    A. java. io   B. java. awt   C. java. lang   D. java. util

6. 在下列说法中，错误的是（　　）。

    A. FileReader 类提供将字节转换为 Unicode 字符的方法。

    B. InputStreamReader 提供将字节转化为 Unicode 字符的方法。

    C. FileReader 对象可以作为 BufferedReader 类的构造方法的参数。

    D. InputStreamReader 对象可以作为 BufferedReader 类的构造方法的参数。

7. 下列哪个方法返回的是文件的绝对路径？（　　）

    A. getCanonicalPath（）   B. getAbsolutePath（）

    C. getCanonicalFile（）   D. getAbsoluteFile（）

8. 要在磁盘上创建一个文件，可以使用哪些类的实例？（　　）

    A. File   B. FileOutputStream

    C. RandomAccessFile   D. 以上都对

9. 下列哪个方法不属于 InputStream 类？（　　）

    A. int read(byte[ ])   B. void flush（）

    C. void close（）   D. int available（）

10. 下列说法错误的是（　　）。

    A. Java 的标准输入对象为 System. in。

    B. 打开一个文件时不可能产生 IOException 异常。

    C. 使用 File 对象可以判断一个文件是否存在。

    D. 使用 File 对象可以判断一个目录是否存在。

二、填空题

1. 按照流的方向来分，I/O 流包括_____和_____。

2. 流是一个流动的_____，数据从_____流向_____。

3. FileInputStream 实现对磁盘文件的读取操作，在读取字符的时候，它一般与_____和_____一起使用。

4. 向 DataOutputStream 对象 dos 的当前位置写入一个保存在变量 d 中的浮点数的方法是_____。

5. 使用 BufferedOutputStream 输出时，数据首先写入_____，直到写满才将数据写入_____。

6. 在 Java 语言中，实现多线程之间通信的流是_____。

7. 在数据传输过程中，对数据进行某种类型的加工处理，这一过程称为_____。

8. _____类是 java.io 包中一个非常重要的非流类，封装了操作文件系统的功能。

9. _____类用于将 Java 的基本数据类型转换为字符串，并作为控制台的标准输出。

10. Java 包括的两个标准输出对象分别是标准输出对象_____和标准错误输出。

三、编程题

1. 编写一段代码，实现的功能是：统计一个文件中字母"A"和"a"出现的总次数。

2. 编写一个程序，利用 RandomAccessFile 类将一个文件的全部内容追加到另一个文件的末尾。

项目八　用户注册系统
——数据库技术

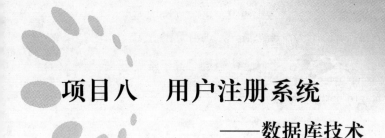

技能目标

掌握利用 JDBC 对数据库的访问、更新等操作，实现基本数据库设计。

知识目标

了解 JDBC 的概念、功能、意义及体系结构；

掌握 DriverManager、Connection、PreparedStatement、ResultSet 对数据库进行增、删、改、查操作。

项目任务

本项目完成用户注册的最基本功能，要求能实现从键盘输入用户名和密码后，验证其正确性，单击"注册"按钮，弹出提示信息"注册成功"；如果用户名或密码错误，则弹出"注册失败"；如果用户名或密码未输入，则弹出"用户名或密码不能为空"。

项目解析

要完成用户注册的功能，可把项目分为四个步骤，装载数据库驱动程序、连接数据库、使用语句对数据库进行操作、关闭数据库。因此我们可把项目分成 3 个子任务，即装载数据库驱动程序、连接/关闭数据库、数据库的操作。

任务一　装载数据库驱动程序

一、问题情景及实现

在应用程序中加载指定类型的 JDBC 驱动。具体实现代码如下：

```
public class ConnectionDemo_1{
public static void main(String args[ ]){
```

```
    try{
        Class.forName("驱动名称");//加载驱动程序
        }
    catch(ClassNotFoundException e){
        System.out.println(e.getMessage());
    }
    }
}
```

 ## 知识分析

　　JDBC 作为访问和连接数据库的标准，需要由 Java 语言和数据库开发商共同遵守并执行。目前大多数主流数据库都支持 JDBC，均推出自己的 JDBC 驱动程序（Driver），每一个驱动程序都实现了 JDBC API 中声明的接口。因此 JDBC 既实现了应用程序与数据库的连接，又实现了数据的独立性，使应用程序具有很好的移植性，同一应用程序可应用于不同类型的数据库。

二、相关知识：JDBC 简介、JDBC 驱动的分类、装载和指定 JDBC 驱动程序

　　JDBC 是一套用来访问和操作数据库的 Java API 的集合，通过使用其中的方法和接口，程序员可以方便有效地编写数据库应用

（一）JDBC 简介

　　JDBC 内嵌于 Java 中，提供了一种与平台无关的用于执行 SQL 语句的标准 Java API 接口，可以为多种关系数据库提供统一访问，它由一组用 Java 语言编写的类和接口组成。有了 JDBC，向各种关系数据发送 SQL 语句就是一件很容易的事。换言之，有了 JDBC API，就不必为访问 SQL Server 数据库专门写一个程序，为访问 Oracle 数据库又专门写一个程序，或为访问 DB2 数据库编写另一个程序等，程序员只需用 JDBC API 写一个程序就够了，它可向不同的数据库发送 SQL 语句调用。

　　JDBC 的体系结构如图 8—1 所示。从图中可以看出，JDBC API 的作用是屏蔽不同的数据库驱动程序之间的差别，使 Java 程序员有一个标准的、纯 Java 的数据库程序设计接口。

图 8—1　JDBC 的体系结构

（二）JDBC 驱动程序的分类

　　为了与某个数据库连接，必须有适合该数据库的驱动程序。JDBC 可以采用如下 4 种方式来连接数据库，其中前两种基于已有的驱动程序，部分由 Java 实现；后两种全部由Java

实现。

1. JDBC-ODBC 桥驱动

在 Windows 操作系统中，可以通过 ODBC 来无差异地访问数据库，在这种方式中，JDBC 是通过 ODBC 驱动程序来访问数据库服务器的，如图 8—2 所示。

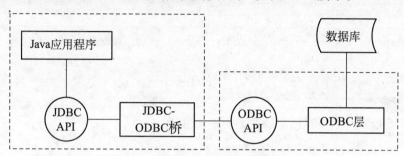

图 8—2 JDBC-ODBC 桥驱动

目前，Microsoft 的 ODBC API 可能是使用最广的、用于访问关系数据库的编程接口。它能在所有平台上连接几乎所有的数据库。但 ODBC 不适合直接在 Java 中使用，因为它使用 C 语言接口。从 Java 程序中调用本地 C 程序在代码实现安全性、坚固性和移植性等方面都有许多缺点。

2. JDBC 本地驱动

JDBC 本地驱动是指直接使用各个数据库生产商提供的 JDBC 驱动程序，因为只能应用在特定的数据库上，所以会丧失程序的可移植性，不过这样操作的性能较高，如图 8—3 所示。

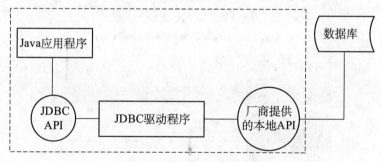

图 8—3 JDBC 本地驱动

3. JDBC 网络纯 Java 驱动

JDBC 网络纯 Java 驱动是指驱动程序将 JDBC 转换为与 DBMS 无关的网络协议，然后该协议又被某个服务器转换为 DBMS 协议。这种网络服务器中间件能够将纯 Java 客户机连接到多种不同的数据库上，所用的具体协议取决于提供者。

通常，这是最为灵活的 JDBC 驱动程序，但涉及网络安全问题。

4. 本地协议纯 JDBC 驱动

本地协议纯 JDBC 驱动是直接将 JDBC 调用转换为 DBMS 所使用的网络协议，允许从客户机上直接调用 DBMS 服务器，这是 Intranet 访问的一个很实用的解决方法。

（三）装载 JDBC 驱动程序

充分理解 JDBC 驱动的分类，可为应用程序选取最适合的驱动类型。不同的数据库提供不同类型的驱动程序，一种数据库到底采用哪种类型的 JDBC 驱动程序，是由数据库开发商决定的。像 Access 数据库就只提供了 ODBC 驱动程序，只能用 JDBC-ODBC 桥驱动程序连接数据库。而 SQL Server、DB2 等数据库可以使用多种方式连接。

接下来我们就用两种常用方式连接 SQL Server 数据库。

1. JDBC-ODBC 桥连方式

要想使用 JDBC-ODBC 桥来访问数据库，首先要为指定的数据库建立 ODBC 数据源。步骤如下：

（1）在 Windows 操作系统上，单击"开始→控制面板→管理工具→数据源"，打开"ODBC 数据源管理器"，如图 8—4 所示，其中列出了目前已有的数据源。选择已有的数据源后，单击"配置"按钮可对已有的数据源进行修改。

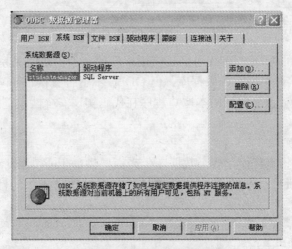

图 8—4　ODBC 数据源管理器

（2）单击"添加"按钮创建一个新的数据源，进入"创建新数据源"向导，如图 8—5 所示。

图 8—5　创建新数据源

（3）拖动滑动条，选择数据源的驱动程序为"SQL Server"，单击"完成"按钮，进入"创建到 SQL Server 的新数据源"向导，如图 8—6 所示，单击"下一步"按钮，出现如图 8—7 所示的窗口。

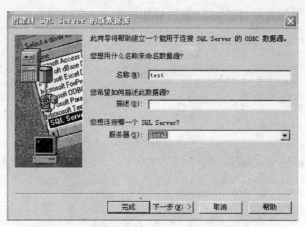

图 8—6　创建 SQL Server 数据源向导第一步

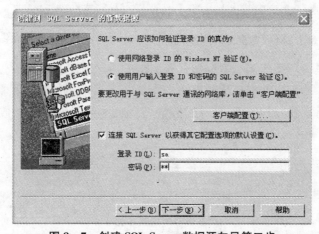

图 8—7　创建 SQL Server 数据源向导第二步

（4）设置登录 SQL Server 的验证方式后单击"下一步"按钮，如图 8—8 所示。

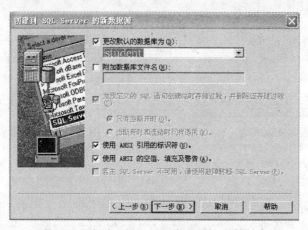

图 8—8　创建 SQL Server 数据源向导第三步

（5）更改默认的数据库为 student，使用 student 数据库中的表时，只需指定表名即可。单击"下一步"按钮，出现如图 8—9 所示的窗口。

（6）保持默认设置即可，单击"完成"按钮。进入 ODBC Microsoft SQL Server 安装界面，如图 8—10 所示。

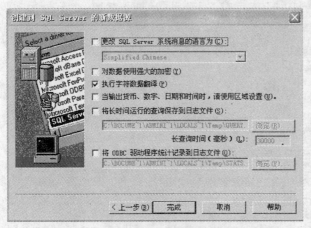

图 8—9　创建 SQL Server 数据源向导第四步　　　图 8—10　ODBC Microsoft SQL Server 安装

单击"测试数据源"按钮测试数据源，若测试成功，则显示如图 8—11 所示的数据源测试成功窗口，单击"确定"按钮完成数据源的测试。ODBC 数据源管理器显示所创建的数据源如图 8—12 所示。现在，我们就可以通过 JDBC 访问 studentmanager 数据源所对应的数据库了。

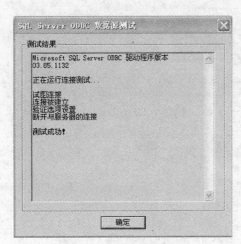
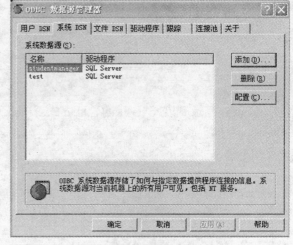

图 8—11　数据源测试成功　　　　　　　　图 8—12　数据源创建完毕

2. 本地协议纯 JDBC 驱动

Microsoft SQL Server 2000 数据库提供 JDBC 驱动程序，需要安装 Microsoft SQL Server 2000 JDBC 驱动程序。程序默认安装路径为：C:\Program Files\Microsoft SQL Server 2000 Driver for JDBC，安装目录\lib\ 的 3 个 .jar 文件是 JDBC 驱动核心 msbase.jar、mssqlserver.jar 和 msutil.jar，它们提供了 SQL Server JDBC 驱动程序的类。

因为 SQL Server JDBC 驱动程序是单独安装的，所以在 JDK 中运行 JDBC 数据库应用程序时需要将 3 个 .jar 文件加入到环境变量 classpath 中。

（四）在应用程序中指定 JDBC 驱动程序

（1）在 JDBC 数据库应用程序中，首先需要指定驱动程序类型。

java. lang. Class 类的 forName（ ）方法用于指定 JDBC 驱动类型。forName（ ）方法声明如下：

```
public static Class<?> forName(String className)throws ClassNotFoundException
```

（2）forName（ ）方法的应用。

①SQL Server 指定 JDBC-ODBC 桥驱动时，调用如下方法：

```
Class. forName("sun. jdbc. odbc. JdbcOdbcDriver ");
```

②SQL Server 指定 JDBC 驱动程序时，调用如下方法：

```
Class. forName("com. microsoft. jdbc. sqlserver. SQLServerDriver ");
```

常用的数据库驱动程序见表 8—1。

表 8—1　　　　　　　　　　　　数据库驱动程序

数据库名	驱动程序
JDBC-ODBC	sun. jdbc. odbc. JdbcOdbcDriver
SQL Server 2000	com. microsoft. jdbc. sqlserver. SQLServerDriver
MySQL	Org. git. mm. mysql. Driver
Oracle	Oracle. jdbc. driver. OracleDriver

三、知识拓展：JDBC API 的使用

JDBC 的核心是为用户提供 Java API 类库，该类库完全用 Java 语言编写，按照面向对象思想设计。Java 程序开发人员可以利用这些类库来开发数据库的应用程序。表 8—2 列出了 JDBC 基本操作中常用的类和接口。

表 8—2　　　　　　　　　　JDBC 基本操作中常用的类和接口

类和接口	功能描述
java. sql. DriverManager	管理 JDBC 驱动程序
java. sql. Connection	建立与特定数据库的连接，连接建立后即可执行 SQL 语句并获得检索结果
java. sql. Statement	管理和执行 SQL 语句
java. sql. PreparedStatement	创建一个可以编译的 SQL 语句对象，该对象可以多次运行，以提高执行的效率，该接口是 Statement 的子接口
java. sql. ResultSet	存储数据查询返回的结果集
java. sql. Date	表示与 SQLDATE 相同的时间标准，该日期不包括时间
java. sql. Driver	定义一个数据库驱动程序的接口
java. sql. SQLException	对数据库访问时产生错误的描述信息
java. sql. SQLWarning	对数据库访问时产生警告的描述信息

JDBC 驱动程序必须实现的 4 个接口分别是 Driver、Connection、Statement 和 Result-Set。其中，Driver 接口是 JDBC 驱动程序实现的接口，用于装载和管理 JDBC 驱动程序，通

常在应用程序中不直接使用，而是通过 DriverManager 类使用 Driver 接口提供的功能；其他
3 个接口在应用程序中是必须使用的。它们之间的关系如图 8—13 所示。

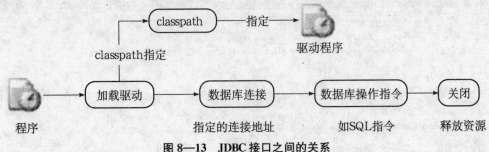

图 8—13　JDBC 接口之间的关系

任务二　连接/关闭数据库

一、问题情景及实现

当数据库驱动程序正常加载后，接下来就需要对具体的数据库进行连接。例如，连接
SQL Server 的 test_db 数据库，具体实现代码如下：

```java
public class ConnectionDemo_2{
    public static final String DBURL = "jdbc:odbc:test";       //定义数据库的连接地址
    public static final String DBUSER = "sa";                  //定义数据库的连接用户名
    public static final String DBPASS = "sa";                  //定义数据库的连接密码
    public static void main(String args[ ]){
    Connection conn = null;                                    //数据库连接
    try{
        Class.forName("sun.jdbc.odbc.JdbcOdbcDriver");         //加载驱动程序
    }catch(ClassNotFoundException e){
        e.printStackTrace( );
    }
    try{
        conn = DriverManager.getConnection(DBURL,DBUSER,DBPASS);
    }catch(SQLException e){
        e.printStackTrace( );
    }
    System.out.println("连接成功");                            //如果此时可以打印表示连接正常
    try{
        conn.close( );                                         //数据库关闭
    }catch(SQLException e){
        e.printStackTrace( );
    }
    }
}
```

知识分析

本程序连接指定的数据库由 DriverManager 类和 Connection 接口实现。

二、相关知识：DriverManger 类、Connection 接口

（一）DriverManager 类

DriverManager 类的作用是管理 JDBC 驱动程序，处理驱动程序的装入，为新的数据库连接提供支持。驱动程序必须向该类注册后才可使用。进行连接时，该类根据 JDBC URL 选择匹配的驱动程序。DriverManager 类的常用方法见表 8—3。

表 8—3 　　　　　　　　　　　　DriverManager 的常用方法

方　　法	描　　述
public static Connection getConnection(String url) throws SQLException	通过连接地址连接数据库
public static Connection getConnection(String url, String user, String password) throws SQLException	通过连接地址连接数据库，同时需要输入用户名和密码

URL 表示网络上某一资源的地址。Java 应用程序需要使用一个 URL 形式的字符串来获取一个数据库连接。这个字符串的形式随数据库的不同而不同，但通常是以"jdbc:"开始的。JDBC 的 URL 格式如下：

jdbc:子协议:数据源

其中，jdbc 表示此 URL 指定的 JDBC 数据源，子协议表示指定 JDBC 驱动程序的类型，数据源表示指定的数据源名称。

JDBC URL 的应用如下：

（1）通过 JDBC-ODBC 桥连接 ODBC 数据源 test，代码如下：

String URL = "jdbc:odbc:test";

（2）采用微软提供的 SQL Server 2000 驱动程序连接 SQL Server 2000，代码如下：

String URL = "jdbc:Microsoft:sqlserver://localhost:1433;DatabaseName = pubs";

其中的参数含义如下：

localhost 为数据库的地址，1433 为数据库服务的端口号，pubs 为要访问的数据库的名称。其他具体数据库的 URL 形式可参考驱动程序文档。

（二）Connection 接口

Connection 接口负责管理 Java 应用程序和数据库之间的连接。一个 Connection 对象表示对一个特定数据源已建立的一条连接，它能够创建执行 SQL Statement 语句对象并提供数据库的属性信息。Connection 接口的常用方法见表 8—4。

表 8—4　　　　　　　　　　　　**Connection 接口的常用方法**

方　　法	描　　述
Statement createStatement( ) throws SQLException	创建一个 Statement 对象
Statement createStatement（int resultSetType，int result-SetConcurrency) throws SQLException	创建一个 Statement 对象，该对象将生成具有给定类型和并发性的 ResultSet 对象
void close( ) throws SQLException	关闭数据库连接
boolean isClosed( ) throws SQLException	判断连接是否已关闭
DatabaseMetaData getMetaData( ) throws SQLException	得到所连接数据库的源数据

在程序操作中，数据库的资源非常有限，这就要求开发者在操作完数据库后必须将其关闭。如果没有这么做，程序在运行过程中就会产生无法连接到数据库的异常。

任务三　数据库的操作

一、问题情景及实现

对用户数据表中的数据进行插入、修改和删除，具体实现代码如下：

```java
import java.sql.*;
public class SQLDemo {
  public static void main(String[ ]args) {
    Connection con = null;                                      //数据库连接
    try {
        Class.forName("sun.jdbc.odbc.JdbcOdbcDriver");          //加载驱动程序
        String connectionURL = "jdbc:odbc:test";
        con = DriverManager.getConnection(connectionURL,"sa","sa");
        Statement stat = con.createStatement( );                //实例化 Statement 对象
        String query1 = "insert into user_table(name,password) values (" + "'Tom','123456')";
        String query2 = "insert into user_table(name,password) values (" + "'Jack','223344')";
        String query3 = "insert into user_table(name,password) values (" + "'Mark','556677')";
        stat.executeUpdate(query1);                             //执行数据库更新操作
        stat.executeUpdate(query2);
        stat.executeUpdate(query3);
        String query4 = "update user_table set password = '654321'" + "where name = 'Tom'";
        stat.executeUpdate(query4);
        String query5 = "select * from user_table";
        ResultSet rs = stat.executeQuery(query5);              //执行查询数据库的语句
        System.out.println("user 用户表中的内容");
        System.out.println("······················");
        System.out.println("用户名\t" + "密码");
        while(rs.next( ))
         {
          String username = rs.getString("name");
          String psw = rs.getString("password");
```

```
                System. out. println(username + "\t" + psw);
            }
                    rs. close( );
         stat. close( );                                                      //关闭数据库
        }
        catch(Exception e)
        {
            System. out. println("SQLException: " + e. getMessage( ));
        }
        finally
        {
            try
            {
                con. close( );//关闭数据库
            }catch(Exception e)
            {
                System. out. println("SQLException: " + e. getMessage( ));
            }
        }
    }
}
```

 ## 知识分析

数据库连接后，就可以对数据库进行各种具体的操作，主要包括数据定义、数据操纵、数据查询和数据控制等。Statement 接口用于管理和执行 SQL 语句，ResultSet 接口用于存储数据的查询结果集。

二、相关知识：Statement 接口和 ResultSet 接口

（一）Statement 接口——执行数据库的更新

Statement 对象由 Connection 对象调用 createStatement( )方法创建。通过 Statement 对象，能够执行各种操作，如插入、修改、删除和查询等。因为各种类型数据库操作的 SQL 语句的语法和返回类型相同，所以 Statement 接口提供了多种 execute( )方法用于执行 SQL 语句，如表 8—5 所示。

表 8—5　　　　　　　　　　　　　　Statement 接口的常用方法

方　　法	描　　述
boolean execute(String sql) throws SQLException	执行 SQL 语句
ResultSet executeQuery(String sql) throws SQLException	执行数据库查询操作，返回一个结果集对象
int executeUpdate(String sql) throws SQLException	执行数据库更新的 SQL 语句，如 INSERT、UPDATE 和 DELETE 等
void close( ) throws SQLException	关闭 Statement 操作

下面通过实例来使用 Statement 接口分别完成数据库的插入、修改和删除。

【例 8—1】向用户表（user_table）中增加一条记录，编写一条完整的 SQL 语句，并通过 Statemen 执行。

```java
import java.sql.*;
public class InsertDemo{
    public static final String DBDRIVER = "sun.jdbc.odbc.JdbcOdbcDriver";
    public static final String DBURL = "jdbc:odbc:test";
    public static final String DBUSER = "sa";
    public static final String DBPASS = "sa";
    public static void main(String args[ ]) throws Exception {        //所有的异常抛出
        Connection conn = null;                                       //数据库连接
        Statement stmt = null;                                        //数据库操作
        Class.forName(DBDRIVER);
        conn = DriverManager.getConnection(DBURL,DBUSER,DBPASS);
        stmt = conn.createStatement( );                               //实例化 Statement 对象
        String name = "Betty";
        String password = "123";
        String sql = "insert into user_table values('" + name + "','" + password + "')";
        stmt.executeUpdate(sql);                                      //执行数据库更新操作
        stmt.close( );                                                //操作关闭
        conn.close( );                                                //数据库关闭
    }
}
```

思考：以上代码中分别关闭了 Statement 和 Connection，在开发中可关闭某一个吗？答案是肯定的。在数据库操作中对象都存在关闭的方法，连接有关闭、操作也有关闭。一般来说，只要连接关闭，其他的操作也会关闭。但是在开发 JDBC 程序中一般习惯按照顺序关闭，先打开的后关闭。在此处，先关闭 Statement，再关闭 Connection。

【例 8—2】数据库的修改操作。要想执行数据库的修改操作，只需将 SQL 语句修改为 Update 即可。

```java
stmt = conn.createStatement( );
String sql = "update user_table set pass = '456'" + "where name = 'java'";
```

【例 8—3】数据库的删除操作。与之前一样，直接执行 Delete 的 SQL 语句即可完成记录的删除操作。

```java
String sql = "delete from user_table where name = 'Tom'";
```

查询数据库后，可以发现 Tom 用户的信息已被删除。

（二）ResultSet 接口

使用 SQL 语句中的 Select 语句可以查询数据库中的数据。在 JDBC 的操作中数据库的所有查询结果将使用 ResultSet 接收并显示其内容。

之前所讲解的全部操作都属于数据库的更新操作，直接使用 Statement 接口中定义的

executeUpdate（）方法就可以完成。如果我们需要对数据库进行查询，就需要使用 State-
ment 接口所定义的 executeQuery（）方法，此方法的返回值类型就是一个 ResultSet 对象，
此对象中存放了查询的所有结果。ResultSet 接口的常用操作方法如表 8—6 所示。

表 8—6   ResultSet 接口的常用操作方法

方　　　法	功能描述
Date getDate(String columnName) throws SQLException	以 Date 形式取得指定列的内容
float getFloat(int columnIndex) throws SQLException	以浮点数形式按列编号取得指定列的内容
float getFloat（String columnName) throws SQLException	以浮点数形式取得指定列的内容
int getInt（int columnIndex）throws SQLException	以整数形式按列编号取得指定列的内容
int getInt（String columnName）throws SQLException	以整数形式取得指定列的内容
String getString（int columnIndex）throws SQLException	以字符串形式按列编号取得指定列的内容
String getString（String columnName）throws SQLException	以字符串形式取得指定列的内容
boolean next（）throws SQLException	将指针从当前位置下移一行

下面我们使用相应的方法将 user_table 表中的数据取出，并在屏幕上显示。

【例 8—4】执行表中数据的查询操作。

```java
import java.sql.*;
public class QueryDemo {
    public static void main(String[ ]args) throws Exception{
        Connection con = null;
        Class.forName("sun.jdbc.odbc.JdbcOdbcDriver");
        String connectionURL = "jdbc:odbc:test";
        con = DriverManager.getConnection(connectionURL,"sa","sa");
        Statement stat = con.createStatement();             //建立执行 SQL 语句的容器
        String query = "select * from user_table";
        ResultSet rs = stat.executeQuery(query);            //执行查询数据库的语句
        System.out.println("user 用户表中的内容");
        System.out.println("··················");
        System.out.println("用户名\t" + "密码");
        while(rs.next())
        {
          String username = rs.getString("name");
          String psw = rs.getString("password");
          System.out.println(username + "\t" + psw);
        }
        rs.close();
        stat.close();
    }
}
```

说明： 在执行查询语句时，是将所有的查询结果返回到内存当中的，因此 rs.next（）的
作用是将返回结果进行依次判断，如有结果，则使用 getXxx（）语句的形式将内容读出。
ResultSet 中的所有数据都可以使用 getString（）方法取得。由于 String 可以接收任何类型

的数据，所以上例中我们全部使用 getString( ) 方法接收数据。

三、知识拓展：数据定义语言、数据操纵语言和数据控制语言

结构化查询语言（Structured Query Language，SQL）是一种功能十分强大的数据库语言。SQL 通常用于与数据库的通信，是关系数据库管理系统的标准语言。

SQL 的功能十分强大，概括起来主要有以下几种：

（一）数据定义语言

数据定义语言（Data Definition Language，DDL）是用来定义和管理数据库以及数据库中各种对象的语句，这些语句包括 CREATE、ALTER 和 DROP 等。

1. CREATE TABLE 命令创建表

语法格式如下：

```
CREATE TABLE〈表名〉
(〈字段 1〉〈数据类型 1〉[〈列级完整性约束条件 1〉]
[,〈字段 2〉〈数据类型 2〉[〈列级完整性约束条件 2〉]][,…]
[,〈表级完整性约束条件 1〉]
[,〈表级完整性约束条件 2〉][,…]
)
```

【例 8—5】建立学生关系表 student。sno 表示学号，sname 表示姓名，ssex 表示性别，sbirthday 表示出生日期，sdept 表示所在系。

```
Create table student                                      //创建学生关系表
(sno char(10) PRIMARY KEY,
   sname varchar(8) NOT NULL,
   ssex char (2) CHECK (ssex IN ('男','女')),
sbirthday datetime DEFAULT '1986 - 01 - 01',
sdept char(16)
address varchar (50)
)
```

2. 使用 ALTER TABLE 命令修改表

语法格式如下：

```
ALTER TABLE〈表名〉
[ADD(〈新字段名〉〈数据类型〉[〈列级完整性约束条件〉][,…])]
[ALTER COLUMN (〈字段名〉〈新数据类型〉[〈列级完整性约束条件〉])]
[DROP {COLUMN <字段名>|〈完整性约束名〉}[,…]]
```

【例 8—6】在 student 表中添加一个数据类型为 char，长度为 10 的字段 class，表示学生所在的班。

```
Alter table student add class char(10);
```

【例 8—7】将 student 表中的 sdept 字段删除。

```
Alter table student drop column sdept;
```

3. 使用 DROP TABLE 命令删除表

语法格式如下：

DROP TABLE〈表名〉

【例 8—8】 将 student 表删除。

Drop table student;

（二）数据操纵语言

数据操纵语言（Data Manipulation Language，DML）是用来查询、添加、修改和删除数据库中数据的语句，这些语句包括 SELECT、INSERT、UPDATE、DELETE 等。在默认情况下，只有 sysadmin、dbcreator、db_owner 和 db_datawriter 等角色的成员才有权利执行数据操纵语言。

1. 使用 SELECT 命令查询表中的数据

语法形式如下：

```
SELECT select_list
[ INTO new_table ]
FROM table_source
[ WHERE search_condition ]
[ GROUP BY group_by_expression ]
[ HAVING search_condition ]
[ ORDER BY order_expression[ ASC | DESC ]]
```

现举例如下：

```
Select * from student;                                  //查询表中全部数据
Select sno,sname from student;                          //查询全体学生的学号和姓名
Select * from student where ssex = '女';                //查询表中女同学的全部数据
SELECT sname,YEAR(GETDATE( )) - YEAR(sbirthday) FROM student    //查询全体学生的姓名及其年龄
```

2. 使用 INSERT 命令向表中插入数据

语法形式如下：

INSERT[INTO] 表名[(列名表)]VALUES (表达式列表)

例如：

```
insert into student(sno,sname,ssex,sbirthday)values(20090210,'张丽','男',20,'1990/1/1')
//向 student 表中插入数据
```

3. 使用 UPDATE 命令修改表中的数据

语法形式如下：

UPDATE〈表名〉SET〈列名 1〉=〈表达式 1〉[,〈列名 2〉=〈表达式 2〉][,…]
[WHERE〈条件表达式〉]

例如：

```
Update student set ssex = '女' where sname = '张丽';                    //将张丽同学的性别改为女
```

4. 使用 DELETE 命令删除表中的数据

语法形式如下：

DELETE[FROM]〈表名〉[WHERE〈条件表达式〉]

例如：

Delete from student where sno = '20090210'   //删除学号为 20090210 的学生记录

（三）数据控制语言

数据控制语言（Data Control Language，DCL）是用来设置或更改数据库用户或角色权限的语句，操作中使用 GRANT 语句向用户授予操作权限，授予的权限可以由 DBA 或其他授权者用 REVOKE 语句收回。

在现在的开发中，常用的数据库都支持标准的 SQL 语法操作，因此对各个数据库只要了解其基本命令就可以很快地上手开发。

综合实训八　用户注册程序

【实训目的】

通过本实训项目使学生根据掌握的 JDBC 编程的基本知识，编写一个 Java 应用程序的案例，更好地具备基本的分析问题、解决问题的能力。

【实训情景设置】

我们经常会在一些网站进行用户的注册，现在我们也来模拟设计一个简单的"用户注册"程序。当用户输入用户名和密码时，单击"注册"按钮，弹出提示信息"恭喜你，注册成功！"；当用户输入的用户名已存在时，弹出提示信息"该用户已存在，请重新注册！"；如果用户没有输入用户名或密码，弹出提示信息"用户名或密码不能为空"。

【项目参考代码】

1. 界面设计代码

```java
import javax.swing.*;
import java.awt.event.*;
import java.awt.*;
import java.sql.*;
public class UserLogin extends JFrame implements ActionListener{
    JLabel lblUserName;
    JLabel lblUserPwd;
    JTextField txtUsrName;
    JPasswordField txtUsrPwd;
    JButton btnRegister;
    JButton btnCancel;
    public UserLogin ( ) {
        this.setTitle("用户注册");
        JPanel panel1 = new JPanel( );
        panel1.setLayout(new FlowLayout( ));
        lblUserName = new JLabel("用户名:");
```

```
        panel1.add(lblUserName);
        txtUsrName = new JTextField(20);
        panel1.add(txtUsrName);
        JPanel panel2 = new JPanel( );
        panel2.setLayout(new FlowLayout( ));
        lblUserPwd = new JLabel("密码:");
        panel2.add(lblUserPwd);
        txtUsrPwd = new JPasswordField(20);
        txtUsrPwd.setEchoChar('*');
        panel2.add(txtUsrPwd);
        JPanel btnPanel = new JPanel( );
        btnRegister = new JButton("注册");
        btnPanel.add(btnRegister);
        btnCancel = new JButton("取消");
        btnPanel.add(btnCancel);
        Container c = this.getContentPane( );
        c.setLayout(new BorderLayout( ));
        c.add(panel1,BorderLayout.NORTH);
        c.add(panel2,BorderLayout.CENTER);
        c.add(btnPanel,BorderLayout.SOUTH);
        btnRegister.addActionListener(this);
        btnCancel.addActionListener(this);
        this.setDefaultCloseOperation(JFrame.EXIT_ON_CLOSE);
        this.setLocation(300,200);
        this.pack( );
        this.setResizable(false);
        this.setVisible(true);
    }
    public void actionPerformed(ActionEvent e){
        if(e.getSource( ) == btnRegister){                      //如果单击"注册"按钮
        DataBaseManager db = new DataBaseManager( );
        String userName = txtUsrName.getText( ).trim( );
        char pwd[ ] = txtUsrPwd.getPassword( );
        String password = new String(pwd);
        password = password.trim( );
        if(userName.equals(" ")||password.equals(" ")){        //用户名为空或口令为空
            System.out.println(userName.trim( ));
            JOptionPane.showMessageDialog(null,"用户名或密码不能为空!","Message",JOption
                            Pane.DEFAULT_OPTION);
            return;
        }
        String sql = "select  *  from user_table where name = " + "'" + userName + "'";
        System.out.println(sql);
```

```java
        ResultSet rs = db. getResult(sql);
        try{
            if(rs. next( )){                                    //数据库中该用户名已存在
            JOptionPane. showMessageDialog(null,"该用户已存在,请重新注册!","Message",JOp
                            tionPane. DEFAULT_OPTION);
            }
            else {                                             //若该用户不存在,则添加新用户
            sql = "insert into user_table values (" + "'" + userName + "'" + ",'" + password + "')";
                db. updateSql(sql);
                System. out. println(sql);
                JOptionPane. showMessageDialog(null,"恭喜你,注册成功!","Message",JOption
                            Pane. DEFAULT_OPTION);
            }
        }
        catch(Exception ee){
            System. out. println(ee. getMessage( ));
        }
        finally{
            db. closeConnection( );                            //如果单击"取消"按钮
        }
        }
        else if(e. getSource( ) == btnCancel){
            this. dispose( );
        }
    }
    public static void main(String args[ ]){
        new UserLogin ( );
    }
}
```

2. 数据库连接代码

```java
import java. sql. *;
public class DataBaseManager{
    Connection con = null;
    ResultSet rs = null;
    Statement stmt = null;
    public DataBaseManager( ){
        try{
            Class. forName( "sun. jdbc. odbc. JdbcOdbcDriver" );
            con = DriverManager. getConnection("jdbc:odbc:test","sa","sa");
            stmt = con. createStatement( );
        }
        catch(Exception e){
```

```
            System. out. println(e. toString( ));
        }
    }
    public ResultSet getResult(String strSQL){                    //返回查询结果
        try{
            rs = stmt. executeQuery(strSQL);
            return rs;
        }
        catch(SQLException sqle){
            System. out. println(sqle. toString( ));
            return null;
        }
    }
    public boolean updateSql(String strSQL){                      //对数据库进行更新
        try{
            stmt. executeUpdate(strSQL);
            return true;
        }
        catch(SQLException sqle){
            System. out. println(sqle. toString( ));
            return false;
        }
    }
    public void closeConnection( ){                               //关闭数据库操作与连接对象
        try{
            stmt. close( );
            con. close( );
        }
        catch(SQLException sqle){
        System. out. println(sqle. toString( ));
        }
    }
}
```

【程序模拟运行结果】

程序的运行结果如图 8—14 所示。

图 8—14 运行结果

拓展动手练习八

1. 练习目的

(1) 掌握创建数据库应用程序的各个重要环节。

(2) 掌握使用 JDBC API 提供的接口和类进行数据库操作的方法。

2. 练习内容

(1) 为课程表和学生成绩表设计数据库应用程序。在 Student 数据库中创建课程表和学生成绩表，设计数据库应用程序对两个表进行数据的插入、修改、删除和查询操作，并获得表和列的各种属性。

(2) 图形用户界面的数据库应用设计。为学生基本信息表设计图形用户界面，实现数据输入、浏览、查询、统计等功能。

习 题 八

一、简答题

1. JDBC 提供了哪几种连接数据库的方法？

2. SQL 语言包括哪几种基本语句来完成数据库的基本操作？

3. Statement 接口的作用是什么？

4. 试述 DriverManager 对象建立数据库连接所用的几种不同的方法。

二、编程题

编写一个应用程序，实现从数据库的某个表中查询一个列的所有信息。

项目九　国庆倒计时牌
——多线程编程技术

技能目标

理解线程概念并创建多线程程序。

知识目标

了解线程和进程的区别；
掌握 Java 多线程的两种实现方法和区别；
了解线程的状态变化；
了解多线程的主要操作方法。

项目任务

本项目完成一个倒计时窗口，自定义刷新时间，精确地显示天数、小时数、分钟数和秒数。

项目解析

要完成倒计时显示的任务，可以采用 Applet 实现图形用户界面，调用 Java API，可把项目分为两个步骤，创建线程，线程通信。首先要理解线程概念，其次要掌握创建线程的方法，最后要掌握线程间通信并理解死锁问题。

任务一　理 解 线 程

一、问题情景及实现

演示如何操纵当前线程。具体实现代码如下：

```
public class ThreadTest {
    public static void main(String args[ ]){
        Thread t = Thread. currentThread( );
```

```
        t. setName("单线程");            //当前线程命名为"单线程"
        t. setPriority(8);             //设置优先级为 8，最高为 10，最低位 1，默认为 5
        System. out. println("The running thread: " + t);
        try{
            for(int i = 0;i<3;i++){
                System. out. println("Sleep time: " + i);
                Thread. sleep(100);
                }
            }catch(InterruptedException e){
                System. out. println("Thread has wrong!!!");
            }
        }
    }
```

运行结果如下：

```
The running thread: Thread[单线程,8,main]
Sleep time: 0
Sleep time: 1
Sleep time: 2
```

 知识分析

本程序首先定义了一个线程对象 t，设置优先级为 8，使用 for 循环设计输出线程名和 0～2 的数字，每次循环让线程睡眠 100ms。

二、相关知识：多线程概念，线程的状态和生命周期、线程的调度和优先级

为了对多线程有基本的认识，我们在本节中介绍多线程的相关概念以及多线程的分类，并结合实例来加深对线程的理解。

（一）多线程的概念

计算机系统给人的印象是它可以同时执行多项工作。例如，可以在聊 QQ 的时候开着酷狗听音乐，还可以同时下载最新的电影，同时运行多个不同的进程。操作系统分时间片轮流运行每一个进程，而线程只是进一步发展了这个概念，把不同进程间的切换改为在单个进程的若干不同功能模块之间的切换。

进程是程序的一次动态执行过程，经历了从代码加载、执行和执行完毕的一个完整过程，这个过程也是进程从产生、发展到消亡的过程。多进程操作系统能同时运行多个进程（程序）。由于 CPU 具有分时机制，所以每个进程都能循环获得自己的 CPU 时间片。由于 CPU 的速度非常快，使得所有程序好像是"同时"运行一样。

多线程是实现并发机制的一种有效手段。进程与线程一样，都是实现并发的一个基本单位。线程是比进程更小的执行单位，线程是在进程的基础上进一步划分。所谓多线程是指一个进程在执行过程中可以产生多个线程，这些线程可以同时存在、同时运行，一个进程可以包含多个同时执行的线程。

在多线程程序中，多个线程可共享一块内存区域和资源。例如，若一个线程改变了所属应用程序的变量，则其他线程下次访问该变量时将看到这种改变。线程间可以利用共享特性来实现数据交换、实时通信。

总之，多线程编程能提高程序的运行效率，增强程序的交互性，降低执行复杂任务的难度，更符合人们的自然习惯。但也要认识到线程本身也有可能影响系统性能等不利方面。

线程需要占用内存，也需要 CPU 拿出时间跟踪线程。当线程间有共享资源时，要注意解决资源竞争问题，防止死锁等情况发生。

Java 的多线程运行与操作系统紧密相关，操作系统的线程执行效率越高，程序的执行效率也就越高。Java 的线程是通过 java. lang. Thread 类实现的，在该类中封装了虚拟的 CPU。

（二）线程的状态和生命周期

1. 线程的状态

每个 Java 程序都有一个默认的主线程，它是由系统自动生成的。对于应用程序而言，主线程是 main( ) 方法执行的线程；对于小应用程序而言，主线程是浏览器加载并执行 Java 的 Applet。要实现多线程，必须在主线程中创建新的线程对象。新建的线程在它的生命周期内需要经历 5 种状态：新建、就绪、运行、阻塞和死亡。

（1）新建。当一个线程对象被声明并创建时，新生的线程对象处于新建状态。

（2）就绪。处于新建状态的线程被启动后，即可拥有相应的内存空间和所属的资源。它将进入线程队列排队等候 CPU 调度。处于就绪状态的线程已经具备运行的条件，一旦轮到它占用 CPU 资源，就可以脱离创建它的主线程独立开始自己的运行。

（3）运行。处于就绪状态的线程被调度并获得 CPU 资源时，便处于运行状态。

（4）阻塞。一个正在运行的线程因某些原因让出 CPU 并暂时中止自己的运行时，就进入阻塞状态。阻塞的线程不能进行队列排队，只有当阻塞条件消失时，线程才可以转入就绪状态，重新进入线程队列中排队等待 CPU 调度，以便于从原来中止位置开始继续执行。

（5）死亡。当线程不具有继续运行的能力时，将处于死亡状态。线程死亡的原因有两种：一是线程完成了自己的全部工作，二是线程被强制性地中止。

处于死亡状态的线程将不再具有继续运行的能力。

2. 线程的生命周期

线程是一个动态的概念，其生命周期就是线程各个状态的转换过程，如图 9—1 所示。

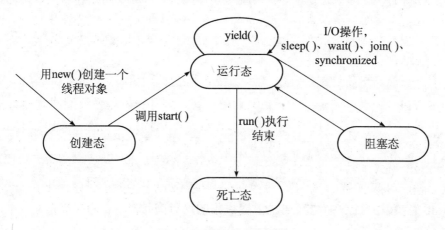

图 9—1　线程的生命周期

（三）线程的调度和优先级

线程的优先级代表该线程的重要或紧急程度，当有多个线程同时处于运行状态并等待获得 CPU 的时间时，线程调度系统根据各个线程的优先级来决定给谁分配 CPU 时间，优先级高的线程将有更大的机会获得 CPU 时间，对于优先级相同的线程，则遵循队列的"先进先出"原则，即先到的线程先获得系统资源运行；优先级低的线程也不是没有机会，只是机会要小一些罢了。

可以调用 Thread 类的方法 getPriority（ ）和 setPriority（ ）来存取线程的优先级，线程的优先级介于 1（MIN_PRIORITY）和 10（MAX_PRIORITY）之间，默认是 5（NORM_PRIORITY）。

任务二　创建线程

一、问题情景及实现

创建两个线程，每一个都打印 1～10 的数。具体实现代码如下：

```
public class ThreadDemo extends Thread {
    public ThreadDemo(String.name) {
        super(name);
    }
    public void run( ){
        for (int i = 1; i < = 10; i++) {
            System. out. println(" " + i + " " + getName( ));
            try {
                sleep(1000);
            } catch (InterruptedException e) {
            }
        }
    }
    public static void main(String[ ]args) {
        new ThreadDemo("线程 1"). start( );
        new ThreadDemo("线程 2"). start( );
    }
}
```

 知识分析

该 Java 程序在 JVM 上运行时，共有 3 个线程：第一个是 main（ ）方法所在的主线程，主线程执行 main（ ）方法中的代码，另外两个线程分别是在 main（ ）中创建的。只有当 Java 程序中除 main（ ）主线程外的其他线程都已经运行结束，main（ ）主线程才运行结束。

二、相关知识：线程中的方法、创建线程的两种方法

Java 中创建线程有两种方法：一种是创建自己的线程子类，另一种是实现 java. lang.

Runnable 接口。无论哪种方法，都使用 java. lang 包中的 Thread 类。

（一）线程中的方法

1. Thread 类的构造方法

Thread 类的构造方法如下：

```
public Thread( )
public Thread(String name)
public Thread(Runnable target)
public Thread(Runnable target,String name)
public Thread(ThreadGroup group,Runnable target)
public Thread(ThreadGroup group,String name)
public Thread(ThreadGroup group,Runnable target,String name)
```

其中，name 代表线程名，target 代表执行线程体的目标对象（该对象必须实现 Runnable 接口），group 代表线程所属的线程组。

2. 静态方法

（1）static Thread currentThread( )：该方法返回当前执行线程的引用对象。

（2）static int activeCount( )：该方法返回当前线程组中的活动线程。

（3）static int enumerate(Thread[ ] tarray)：该方法将当前线程组中的活动线程复制到 tarray 数组中，并返回线程的个数。

3. Thread 类的常用方法

Thead 类的常用方法如表 9—1 所示。

表 9—1　　　　　　　　　　Thread 类的常用方法

方　　法	含　　义
void run( )	线程所执行的代码
void start( )	代码开始执行
void sleep（long milis）	线程睡眠一段时间，不消耗 CPU 资源
void interrupt( )	中断线程
static boolean interrupted( )	判断当前线程是否被中断（会清除中断标识）
boolean isInterrupted( )	判断指定线程是否被中断
boolean isAlive( )	判断线程是否处于活动状态
static Thread currentThread( )	返回当前线程对象的引用
void setName（String threadName）	设置线程的名称
string getName( )	获得线程的名称
void join([long millis[,int nanos]])	等待线程结束
void destroy( )	撤销线程
static void yield( )	暂停当前线程，让其他线程运行
void setPriority（int p）	设置线程优先级
notify( )/notifyAll( )	从 Object 继承而来，唤醒线程
wait( )	阻塞线程

(二) 创建线程的两种方法

1. **方法一：通过继承 Thread 类创建线程**

当继承 Thread 类创建线程时，可以在子类中重写 run 方法，该方法包含了线程的操作。这样程序若创建自己的线程，则只需要创建一个已经定义好的 Thread 子类的实例即可。当创建的线程调用 start( ) 方法开始运行时，run( ) 方法将自动运行。

2. **方法二：通过接口创建线程**

由于 Java 语言只支持类的单一继承，若 A 类已经从其他类中继承，则此时 A 类不能再继承 Thread 类。由于 Java 语言支持一个类实现多个接口，且支持一个接口继承多个接口，因此，Java 语言提供了 Runnable 接口用于解决继承问题。该接口定义如下：

```
public interface Runnable
{
public void run( );
}
```

该接口只定义了一个 run( ) 方法，用于存放线程运行的并发程序。已经继承了其他类的 A 类，只有通过接口 Runnable 将并发运行的程序放在 run( ) 方法中，然后使用 Thread 类的两个构造函数：public Thread(Runnable target) 或 public Thread(Runnable target，String name)，这样才能创建 Thread 对象。

这种方法比方法一更常见，也更灵活。

【例 9—1】创建两个线程，每一个都打印 1～10 的数，用 Runnable 接口实现。

```java
public class ThreadDemo2 implements Runnable {
    public ThreadDemo2( ) {
        super( );                                       //调用父类的构造方法
    }
    public void run( ) {
        for (int i = 1; i <= 10; i++) {
            System.out.println(" " + i + " " + Thread.currentThread( ).getName( ));
                                                        //输出当前线程名称
            try {
                Thread.currentThread( ).sleep(1000);
            } catch (InterruptedException e) {
            }
        }
    }
    public static void main(String[ ]args) {
        Thread t1 = new Thread(new ThreadDemo2( ),"线程 1");
        Thread t2 = new Thread(new ThreadDemo2( ),"线程 2");
        t1.start( );
        t2.start( );
    }
}
```

建立线程的两种方法的比较：

直接继承线程 Thread 类。该方法编写简单，可以直接操作线程，适用于单纯继承情况，不能再继承其他类。

实现 Runnable 接口。当一个线程已继承了另一个类时，就只能通过 Runnable 接口的方法来创建线程，且便于保持程序风格的一致性。

任务三　线 程 通 信

一、问题情景及实现

卖票程序，如果多个线程同时操作，就有可能出现卖票为负数的问题。具体实现代码如下：

```
class MyThread implements Runnable{
    private int ticket = 5;                                //假设一共有5张票
    public void run( ){
        for(int i = 0;i<100;i++ ){
            if(ticket>0){                                  //还有票
                try{
                    Thread. sleep(300);                    //加入延迟
                }catch(InterruptedException e){
                    e. printStackTrace( );
                }
                System. out. println("卖票:ticket = " + ticket-- );
            }
        }
    }
}
public class SyncDemo01{
    public static void main(String args[ ]){
        MyThread mt = new MyThread( );                     //定义线程对象
        Thread t1 = new Thread(mt);                        //定义 Thread 对象
        Thread t2 = new Thread(mt);                        //定义 Thread 对象
        Thread t3 = new Thread(mt);                        //定义 Thread 对象
        t1. start( );
        t2. start( );
        t3. start( );
    }
}
```

程序的运行结果如下：

卖票:ticket = 5
卖票:ticket = 4

卖票:ticket = 3
卖票:ticket = 2
卖票:ticket = 1
卖票:ticket = 0
卖票:ticket = -1

 知识分析

如果一个多线程的程序通过 Runnable 接口实现,则意味着类中的属性将被多个线程共享,这样会造成多个线程因操作同一资源而出现资源的同步问题。

二、相关知识:同步代码块和同步方法

(一)问题的提出

从程序的运行结果可以发现,程序中加入了延迟操作,因此在运行的最后出现了负数的情况,那么为什么会产生这样的问题呢?

从程序中可以发现对于票数的操作步骤如下:

(1)判断票数是否大于 0,若大于 0 则表示还有票可以卖。

(2)若票数大于 0,则将票卖出。

但是在实际的操作中,在步骤(1)和步骤(2)之间加入了延迟操作,那么一个线程就有可能在还没有对票数进行减操作之前,其他线程就已经将票数减少了,这样就会出现票数为负的情况,如图 9—2 所示。

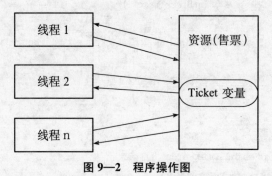

图 9—2 程序操作图

如果想解决这样的问题,就必须使用同步。所谓同步就是指多个操作在同一时段内只能有一个线程运行,其他的线程要等待此线程完成之后才可以运行。

(二)使用同步解决问题

解决资源共享的同步操作,可以使用同步代码块和同步方法两种方式完成。

1. 同步代码块

所谓同步代码块是指使用"{ }"括起来的一段代码,根据位置和声明的不同,可以分为普通代码块、构造块、静态块 3 种,如果在代码块上加上 synchronized 关键字,则此代码块就称为同步代码块。同步代码块的格式如下:

```
synchronized(同步对象){
需要同步的代码;
}
```

说明： 在使用同步代码块时必须指定一个需要同步的对象，但一般都将当前对象（this）设置为同步对象。

【例9—2】使用同步代码块解决同步问题。

```
class MyThread implements Runnable{
    private int ticket = 5;                              //假设一共有5张票
    public void run( ){
        for(int i = 0;i<100;i++ ){
            synchronized(this){                          //对当前对象进行同步
                if(ticket>0){                            //还有票
                    try{
                        Thread. sleep(300);              //加入延迟
                    }catch(InterruptedException e){
                        e. printStackTrace( );
                    }
                    System. out. println("卖票:ticket = " + ticket-- );
                }
            }
        }
    }
}
public class SyncDemo02{
    public static void main(String args[ ]){
        MyThread mt = new MyThread( );                   //定义线程对象
        Thread t1 = new Thread(mt);                      //定义 Thread 对象
        Thread t2 = new Thread(mt);                      //定义 Thread 对象
        Thread t3 = new Thread(mt);                      //定义 Thread 对象
        t1. start( );
        t2. start( );
        t3. start( );
    }
}
```

程序的运行结果如下：

```
卖票:ticket = 5
卖票:ticket = 4
卖票:ticket = 3
卖票:ticket = 2
卖票:ticket = 1
```

说明： 以上代码将取值和修改值的操作进行了同步，因此不会再出现卖出票为负数的问题。

2. 同步方法

除了可以将需要的代码设置成同步代码块外，还可以使用 synchronized 关键字将一个方法声明为同步方法。声明如下：

```
synchronized 方法返回值 方法名称(参数列表){
}
```

【**例 9—3**】 使用同步方法解决以上问题。

```
class MyThread implements Runnable{
    private int ticket = 5;                          //假设一共有 5 张票
    public void run( ){
        for(int i = 0;i<100;i++){
            this. sale( );                           //调用同步方法
        }
    }
public synchronized void sale( ){                    //声明同步方法
    if(ticket>0){                                     //还有票
        try{
            Thread. sleep(300);                       //加入延迟
        }catch(InterruptedException e){
            e. printStackTrace( );
        }
        System. out. println("卖票:ticket = " + ticket -- );
    }

    }
}
public class SyncDemo03{
    public static void main(String args[ ]){
        MyThread mt = new MyThread( );               //定义线程对象
        Thread t1 = new Thread(mt);                  //定义 Thread 对象
        Thread t2 = new Thread(mt);                  //定义 Thread 对象
        Thread t3 = new Thread(mt);                  //定义 Thread 对象
        t1. start( );
        t2. start( );
        t3. start( );
    }
}
```

程序的运行结果如下：

```
卖票:ticket = 5
卖票:ticket = 4
卖票:ticket = 3
卖票:ticket = 2
卖票:ticket = 1
```

从程序的运行结果中可以发现，此代码完成了与之前同步代码块同样的功能。

三、知识拓展：死锁

同步可以保证资源共享操作的正确性，但是过多同步也会产生问题。例如，现在张三想要李四的画，李四想要张三的书，张三对李四说："把你的画给我，我就给你书。"李四也对张三说："把你的书给我，我就给你画。"张三在等着李四的答复，而李四也在等着张三的答复，那么这样下去的结果就是，张三得不到李四的画，李四得不到张三的书，这实际上就是死锁的概念。

所谓死锁就是指两个线程都在等待彼此先完成，造成了程序的停滞，一般程序的死锁都是在程序运行时出现的。下面通过一个简单的范例来观察出现死锁的情况。

【例9—4】死锁问题。

```
class Zhangsan{                                        //定义张三类
public void say( ){
    System. out. println("张三对李四说:""你给我画,我就把书给你。"");
}
public void get( ){
    System. out. println("张三得到画了.");
}
};
class Lisi{                                             //定义李四类
public void say( ){
    System. out. println("李四对张三说:"你给我书,我就把画给你。"");
}
public void get( ){
    System. out. println("李四得到书了。");
}
}
public class ThreadDeadLock implements Runnable{
    private static Zhangsan zs = new Zhangsan( );          //实例化 static 型对象
    private static Lisi ls = new Lisi( );                  //实例化 static 型对象
    private boolean flag = false;                          //声明标识位,判断那个先运行
    public void run( ){                                    //覆写 run( )方法
        if(flag){
            synchronized(zs){                              //同步张三
                zs. say( );
                try{
                    Thread. sleep(500);
                }catch(InterruptedException e){
                    e. printStackTrace( );
                }
                synchronized(ls){
```

```
                            zs. get( );
                    }
                }
            }else{
                synchronized(ls){
                    ls. say( );
                    try{
                        Thread. sleep(500);
                    }catch(InterruptedException e){
                        e. printStackTrace( );
                    }
                    synchronized(zs){
                        ls. get( );
                    }
                }
            }
        }
        public static void main(String args[ ]){
            ThreadDeadLock t1 = new ThreadDeadLock( );        //控制张三
            ThreadDeadLock t2 = new ThreadDeadLock( );        //控制李四
            t1. flag = true;
            t2. flag = false;
            Thread thA = new Thread(t1);
            Thread thB = new Thread(t2);
            thA. start( );
            thB. start( );
        }
    }
```

程序的运行结果如下：

张三对李四说:"你给我画，我就把书给你。"

李四对张三说:"你给我书，我就把画给你。"

从程序的运行结果中可以发现，两个线程都在彼此等待着对方的执行完成，这样，程序就无法向下继续执行，从而造成了死锁的现象。

Java 技术既不能发现死锁也不能避免死锁，因此程序员编程时应注意死锁问题，尽量避免。避免死锁的有效方法如下：

（1）线程因为某个条件未满足而受阻时，不能让其继续占有资源；

（2）如果有多个对象需要互斥访问，应确定线程获得死锁的顺序，并保证整个程序以相反的顺序释放死锁。

多线程间同步通信实现的手段通常使用 3 种方法：wait( )、notify( ) 和 notifyAll( )。这 3 种方法各有其优缺点，wait( ) 方法的主要功能是释放同步锁，进入等待队列；notify( ) 方法的主要功能是唤醒等待队列中的第一个线程，并把它移入同步锁申请队列；notifyAll( ) 的主要功能是调用 wait( ) 的所有线程，具有最高优先级的线程先执行。

注意： 这些方法只能在 synchronized 同步方法中被调用。

综合实训九　国庆倒计时牌

【实训目的】

通过本实训项目使学生能较好地熟悉线程操作。

【实训情景设置】

利用本章线程知识制作一个简单的国庆倒计时牌，计算距离中华人民共和国建国 65 周年还有多少时间，此例中，显示剩余的天数、小时数、分钟数和秒数。以电子表形式，每秒刷新一次。

【项目参考代码】

```java
import javax.swing.*;
import java.awt.*;
import java.util.*;
public class TimeFrame
{
    private JFrame jf;
    private JLabel labe11;
    private JLabel labe12;
                                                          //构造方法
    public TimeFrame( )
    {
    jf = new JFrame("倒计时牌");                           //创建窗体，标题是"倒计时牌"
    label1 = new JLabel("距中华人民共和国成立 65 周年还有:"); //在 labe11 上提示倒计时内容
    labe12 = new JLabel("");                              //在 label2 中显示剩余时间
    jf.add(label1,BorderLayout.NORTH);                    //添加 label1 到窗体上方
    jf.add(label2,BorderLayout.CENTER);                   //添加 label2 到窗体的中间
    //创建 RefreshTimeThread 对象 t
    Thread t = new RefreshTimeThread(new GregorianCalendar(2014,Calendar.OCTOBER,1,0,0,0));
t.start( );                                               //启动线程
    }
    //封装窗体的显示方法
    public void showMe( )
    {
        jf.setBounds(200,200,300,150);
        jf.setVisible(true);
        jf.setDefaultCloseOperation(JFrame.EXIT_ON_CLOSE);
    }
    //主方法，生成 TimeFrame 对象并显示
    public static void main(String[ ]args){
        new TimeFrame( ).showMe( );
```

```
        }
        //定义 RefreshTimeFrameThread 类，继承 Thread 类
        class RefreshTimeThread extends Thread{
            private Calendar targetTime;
            //构造方法，传入倒计时的时间
        public RefreshTimeThread(Calendar targetTime)
        {
             this. targetTime = targetTime;
        }
        //重写 run 方法
        public void run( )
        {
            while(true)
            {
                //创建 GregorianCalendar 对象即现在的时间
                Calendar todayTime = new GregorianCalendar( );
                //定义 long 类型的 seconds，表示剩余的秒数
            long seconds = (targetTime. getTimeInMillis( ) – todayTime. getTimeInMillis( ))/1000;
                if(seconds< = 0)                      //如果时间小于 0，则说明时间到
                {
                        label2. setText("时间到!");
                        break;
                }
                int day = (int)(seconds/(24 * 60 * 60));
                int hour = (int)(seconds/(60 * 60) % 24);
                int min = (int)(seconds/60 % 60);
                int sec = (int)(seconds % 60);
                String str = day + "天" + hour + "时" + min + "分" + sec + "秒";
                label2. setText(str);                //刷新 label2 上的时间
                try {
                    Thread. sleep(1000);             //每次睡 1 000ms，则计时牌时间每秒变一次
                } catch (InterruptedException e)
                {
                        e. printStackTrace( );
                }
            }
        }
    }
```

【程序模拟运行结果】

程序的运行结果如图 9—3 所示。

图 9—3　运行结果

拓展动手练习九

1. 练习目的

(1) 掌握线程的两种设置方法。

(2) 了解线程的状态变化和操作方法。

2. 练习内容

(1) 编写一个简单程序，分别用两种方法创建线程。

(2) 编写一个程序，模拟线程间的同步机制。

习　题　九

一、选择题

1. 一个 Java 程序运行后，在系统中这个程序便可作为一个(　　　)。

　　A. 线程　　　　　　　　B. 进程　　　　　　　　C. 进程或线程　　　　D. 不可预知

2. 设已编好了一个线程类 MyThread，要在 main( ) 中启动该线程，需使用的方法是(　　　)。

A. new MyThread

B. MyThread myThread＝new MyThread( );myThread. start( );

C. MyThread myThread＝new MyThread( );myThread. run( );

D. new MyThread. start( );

3. 处于激活状态的线程可能不是当前正在执行的线程，原因是(　　　)。

　　A. 为当前唯一运行的线程　　　　　　　　B. 线程被挂起

　　C. 线程被继续执行　　　　　　　　　　　　D. 通知线程某些条件

4. 一个线程如果调用了 sleep( ) 方法，能唤醒它的方法是(　　　)。

A. notify( )　　　　　　　B. resume( )　　　　　　C. run( )　　　　　　　D. 以上都不是

5. 创建两个线程，一个优先级是 Thread. MAX _ PIORITY，另一个的优先级是默认值，下面陈述中正确的是(　　　)。

　　A. 正常优先级的线程不运行，直到拥有最高优先级的线程停止运行。

　　B. 即使拥有最高优先级的线程停止运行，正常优先级的线程也不会运行。

　　C. 两者都不对。

二、填空题

1. 线程的创建方式是_____和_____。

2. 线程生命周期的五种状态为：＿＿＿＿、＿＿＿＿、＿＿＿＿、＿＿＿＿和＿＿＿＿。

3. 一个线程对象的具体操作是由＿＿＿＿方法的内容确定的，但是 Thread 类的该方法是空的，其中没有内容，所以用户程序要么派生一个 Thread 的子类并在子类里重新定义此方法，要么使一个类实现＿＿＿＿接口并书写该方法的方法体。

4. 当一个线程睡眠时，sleep( ) 方法不消耗＿＿＿＿＿＿时间。

三、编程题

1. 设计四个线程对象，两个线程执行减操作，两个线程执行加操作。

2. 设计一个生产计算机和搬运计算机类，要求生产一台计算机就搬走一台计算机，如果没有新的计算机生产出来，则搬运工要等待新计算机产出；如果生产出的计算机没有搬走，则要等待计算机搬走之后再生产，并统计出生产的计算机的数量。

项目十　网络聊天程序

——网络通信

技能目标

掌握基于 TCP/UDP 协议的套接字的网络编程方法。

知识目标

了解 IP 地址与 InetAddress 类的关系；
掌握 TCP/IP 体系结构和 URL；
掌握 Socket 网络通信方面的知识。

项目任务

本项目建立一个简单的网络聊天程序，实现服务器与客户端之间的相互通信，如图 10—1 所示。

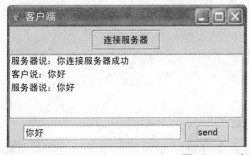
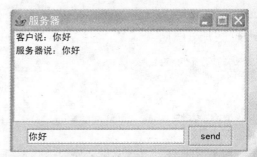

图 10—1　客户与服务器间通信

项目解析

本例通过建立一个 Socket 客户端和一个 ServerSocket 服务端进行实时数据交换。双方连接之后，在图形界面的文本框中填写发送的信息后，就可以进行通信了。

要想实现服务器端与客户端的通信功能：一是需要从连接到的网络中找到代表服务器和客户端的计算机；二是网络中的计算机在遵守一定协议的前提下访问网络资源；三是利用

Java 提供的 Socket 和 ServerSocket 类实现两端通信。

任务一 IP 地址与 InetAddress 类

一、问题情景及实现

获取主机 java.sun.com 的域名和 IP 地址。具体实现代码如下：

```java
import java.net.*;
public class InetAddressDemo
{
    public static void main(String args[ ])
    {
        try{
            InetAddress address = InetAddress.getByName("java.sun.com");
            //声明 InetAddress 对象
            System.out.println("主机名为:" + address.getHostName( ));
            //获取远程主机名
            System.out.println("IP 地址为:" + address.getHostAddress( ));
            //获取远程 IP 地址
        }
        catch(UnknownHostException e)
        {
            e.printStackTrace( );
        }
    }
}
```

程序的运行结果如下：

主机名为:java.sun.com
IP 地址为:72.5.124.55

 知识分析

为了实现网络中不同主机之间的通信，每台主机必须有一个唯一的标识，这就是 IP 地址。java.net 包中提供了用于描述 IP 地址的类——InetAddress。

二、相关知识：IP 地址简介、InetAddress 类

（一）IP 地址简介

Internet 上的每台主机（Host）都有一个唯一的 IP（Internet Protocol）地址。IP 协议就是使用 IP 地址在主机之间传递信息的协议，这是 Internet 能够通信的基础。IP 地址的长度为 32 位，分为 4 段，每段 8 位，用十进制数字表示，每段数字范围为 0～255，段与段之

间用句点隔开，如 192.168.0.1。IP 地址由两部分组成，分别为网络地址和主机地址。IP 地址分为 5 类 A、B、C、D、E，常用的是 B 类和 C 类。IP 地址就像我们的家庭住址一样，如果我们要写信给一个人，就要知道他（她）的地址，这样邮递员才能把信送到。计算机发送信息就好比是邮递员，它必须知道唯一的"家庭地址"才不至于把信送错人家。只不过邮寄的地址使用文字表示，计算机的地址用十进制数字表示。

众所周知，在电话通信中，电话用户是靠电话号码来识别的。同样，在网络中为了区别不同的计算机，也需要给计算机指定一个号码，这个号码就是"IP 地址"。

IP 地址有 IPv4 和 IPv6 两类。现有的互联网是在 IPv4 协议的基础上运行的。IPv6 是下一版本的互联网协议，也可以说是下一代互联网的协议，它的提出最初是因为随着互联网的迅速发展，IPv4 定义的有限地址空间将被耗尽，而地址空间的不足必将妨碍互联网的进一步发展。为了扩大地址空间，拟通过 IPv6 重新定义地址空间。

（二）InetAddress 类

在 java.net 包中，InetAddress 类是 Java 封装的 IP 地址，它是 Java 对 IP 地址的一种高级标识。InetAddress 类由 IP 地址和对应的主机名组成，该类内部实现了主机名和 IP 地址之间的相互转换。

InetAddress 类有两个子类：Inet4Address 和 Inet6Address，一个用于表示 IPv4，另一个用于表示 IPv6。InetAddress 类中没有公共的构造方法，经常使用下列方法创建对象实例。

（1）public static InetAddress getByName（String host）throws UnknownHostException：返回 host 所代表的 IP 地址，host 可以是计算机名，也可以是 IP 地址或 DSN 域名。

（2）public static InetAddress getLocalHost（）throws UnknownHostException：返回本机 IP 地址。

（3）public boolean isReachable（int timeout）throws IOException：测试是否可以达到该地址。

（4）public byte[] getAddress（）：返回调用该方法对象的 Internet 地址。返回值是以网络字节为顺序的 byte 类型数组，该数组共有 4 个元素。

（5）public String getHostAddress（）：返回与 InetAddress 对象相关的主机地址的字符串。

（6）public String getHostName（）：返回与 InetAddress 对象相关的主机名的字符串。

任务二　TCP/IP 体系结构与 URL 类的使用

一、问题情景及实现

编写一个 URL 的测试类，获取网站的信息，并将网站主页下载到本地磁盘上。具体实现代码如下：

```
import java.io.*;
import java.net.*;
import java.util.*;
```

```java
public class URLTest
{
    public static void main(String[ ]args)
    {
        try
        {
            URL url = new URL( "http://www.sina.com");          //创建 URL 对象
            System. out. println("打印 url 的一些信息:");
            System. out. println("getProtocol:" + url. getProtocol( ));
                                                                //获取协议名称
            System. out. println("getthost:" + url. getHost( )); //获取主机名称
            System. out. println("gettfile:" + url. getFile( )); //获取此 URL 的文件名
            System. out. println("getPath:" + url. getPath( ));  //获取路径
            System. out. println("getPort:" + url. getPort( ));
            //获取端口号,未设置返回 -1
            System. out. println("getDefaultPort:" + url. getDefaultPort( ));
            //返回默认端口号
            URLConnection connection = url. openConnection( );
            //打开远程对象的连接,返回连接值
            connection. connect( );
            //连接到服务器,打开此 URL 引用资源的通信连接
            System. out. println("打印头字段信息:");
            int n = 1;
            String key;
            while ((key = connection. getHeaderFieldKey(n)) ! = null)
            {
                String value = connection. getHeaderField(n); //返回第 n 个头字段的值
                System. out. println(key + ": " + value);      //打印头字段的键和值
                n++;
            }
            //打印引用资源的属性
            System. out. println("打印引用资源的一些属性");
            System. out. println("getContentType: " + connection. getContentType( ));
            //返回引用资源的内容类型
            System. out. println("getContentLength:" + connection. getContentLength( ));
            //返回引用资源的内容长度
            System. out. println("getContentEncoding:" + connection. getContentEncoding( ));
            //返回引用资源的内容编码
            System. out. println("getDate: " + connection. getDate( ));
            //返回引用资源上次的修改日期,若未知返回 0
            System. out. println("getLastModifed: " + connection. getLastModified( ));
            //下载引用文件到本地磁盘上,读取文件
            BufferedReader in = new BufferedReader(new
```

```
                                InputStreamReader(connection.getInputStream( )));
    BufferedWriter bw = new BufferedWriter(new FileWriter("e://URLDemohtml"));
    PrintWriter pw = new PrintWriter(bw);
    String temps = null;                    //声明临时字符串引用
    while((temps = in.readLine( ))! = null)
                                            //从输入流获取资源并测试是否读取完毕
      {
        pw.println(temps);                  //将获取的数据写入目标文件
      }
    System.out.println("您好,网站主页已经下载,写入了 URLTest.html");
    pw.close( );
    in.close( );
  }
  catch (IOException exception)
  {
    exception.printStackTrace( );
  }
  }
}
```

 知识分析

本程序定义了一个 URL 对象,在 main 方法中利用 BufferedReader 缓冲流来读取网页上的源代码,通过 readLine( )方法读取文本行,获取不包括休止符的字符串,并把字符串打印输出。

二、相关知识: URL 类的组成和应用、抽象类 URLConnection

(一) URL 类的组成

统一资源定位符(Uniform Resource Locator,URL) 是用来对 Internet 上某一资源的地址进行定位的。通过 URL 我们可以访问 Internet 上的各种网络资源,比如最常见的 HTML 文件、图像文件、声音文件、动画文件,甚至可以是对一个数据库的查询。URL 是一种最为直观的网络定位方法,符合人们的语言习惯,容易记忆。使用 URL 进行编程,不需要对协议本身有太多的了解。URL 的一般语法格式为:

〈协议名称〉://〈主机名称〉:〈端口号〉/〈文件名〉#〈引用〉

(1) 协议名称(protocol)指明获取资源所采用的传输协议。常用的有 HTTP、FTP、Gopher 和 File 等,最常用的是 HTTP 协议,它也是目前 WWW 中应用最广的协议。需要注意的是,协议名称之后是冒号加双斜杠 (://)。

(2) 主机名称(hostname)是指存放资源的服务器的域名系统 (DNS) 的主机名或 IP 地址。例如:

```
http://www.sun.com 或 http://127.0.0.1 或 ftp://ftp.sdcit.edu.cn
```

（3）端口号（:port）。有时一个计算机中有多种服务，为了区分这些服务就要用到端口号。每一种服务使用一个整数端口号，范围是 0～65 535。端口号可选，省略时使用方案的默认端口，各种传输协议都有默认的端口号，如 HTTP 的默认端口为 80。如果输入省略，则使用默认端口号。有时候出于安全或其他因素考虑，可以在服务器上对端口进行重定义，即采用非标准端口号，此时，URL 中就不能省略端口号这一项，如 http://www.sun.com:8080。

（4）文件名（filename）。文件名应包含文件的完整路径。在 HTTP 协议中，有一个默认的文件名是 index.html，以下两者等价：

http://java.sun.com

http://java.sun.com/index.html

（5）引用为文件内部的一个引用，如 http://java.sun.com/index.html♯chapter9。

（二）URL 的应用

1. 创建 URL 的对象

在 java.net 包中定义了 URL 类，类的声明如下：

public final class URL extends Object implements Serializable

利用 URL 类来实现编程非常简便，它的构造方法如下：

（1）public URL(String spec)：通过一个 URL 地址的字符串构造一个 URL 对象。这种构造方法最直接，其中字符串 spec 应该包含一个完整的可在浏览器中运行的 URL 地址，根据这个字符串可以创建一个 URL 对象。例如：

```
URL url263 = new URL("http://www.263.net/");
```

（2）public URL(URL context,String spec)：通过一个基础 URL 和相对 URL 构造一个 URL 对象。这种构造方法基于已有的 URL 对象 context 创建一个新的 URL 对象，多用于访问同一个主机上不同路径的文件。例如：

```
URL u = new URL ("http://www.263.net/");
URL u1 = new URL(u,"index.html");
```

以下两种构造方法是将 URL 的地址进行分解，分别指明协议名称、主机名称、端口号和文件名等构造一个 URL 对象。

（3）public URL(String protocol,String host,String file)：通过协议和主机以及文件构造一个 URL 对象。例如：

```
URL u = new URL("http","www.sun.com","/file/myfile.html");
```

（4）public URL(String protocol,String host,int port,String file)：通过协议和主机，以及端口和文件构造一个 URL 对象。例如：

```
URL u = new URL("http","www.sun.com",8080,"/file/myfile.html");
```

URL 的常用方法如表 10—1 所示。

表 10—1　　　　　　　　　　　　　URL 的常用方法

常用方法	说　　明
public String getProtocol( )	获取该 URL 的协议名
public String getHost( )	获取该 URL 的主机名
public String getFile( )	获取该 URL 的文件名
public String getRef( )	获取该 URL 在文件中的相对位置
public String getQuery( )	获取该 URL 的查询信息
public String getPath( )	获取该 URL 的路径
public String getAuthority( )	获取该 URL 的权限信息
public String getUserInfo( )	获取该使用者的信息
public getPort( )	获取该 URL 的端口号，如果没有设置端口，则返回－1

2. URL 异常的捕获

类 URL 的构造函数声明抛弃非运行时异常（MalformedURLException），如果我们定义的参数有错误，就会产生一个非运行时异常。因此在生成 URL 对象时，必须对该异常进行处理，通常用 try/catch 语句进行捕获。格式如下：

```
try{
    URL url = new URL( );
    }
catch(MalformedURLException e){
        //exception handler code here
    }
```

【例 10—1】在文本框内输入任一网址，然后单击"确定"按钮连接到指定的页面。

```
import java. applet. *;
import java. awt. *;
import java. awt. event. *;
import java. net. *;
public class URLDemo extends Applet implements ActionListener
{
    Button button;
    URL url;
    TextField text;
    public void init( )                             //窗体初始化
    {
        text = new TextField(18);
        button = new Button("确定");
        add(new Label("输入网址:"));
        add(text);
        add(button);
        button. addActionListener(this);            //添加监听
    }
    public void actionPerformed(ActionEvent e)
```

```
                    {
                        if(e. getSource( ) == button)                    //判断事件源
                        {
                            try {url = new URL(text. getText( ). trim( ));   //获取文本框的输入的网址
                                getAppletContext( ). showDocument(url);   //显示链接
                                }
                            catch(MalformedURLException g)
                            {
                                text. setText("不正确的 URL,请重新输入!" + url);
                            }
                        }
                    }
                }
```

（三） 抽象类 URLConnection

抽象类 URLConnection 是封装访问远程网络资源一般方法的类，通过它与一个远程服务器建立连接，可以在传输数据之前使用 URLConnection 来检查这个远程资源的属性。URLConnection 是以 HTTP 协议为中心的类，其中很多方法只有在处理 HTTP 的 URL 时才起作用。

1. 创建 URLConnection 对象

使用 URL 类的 openConnection 方法创建一个 URLConnection 对象的方法如下：

```
public URLConnection openConnection( ) throws IOException
```

2. URLConnection 类的实例方法

（1） public int getContentLength( )：返回取得内容的长度。

（2） public String getContentType( )：返回取得内容的类型。

（3） public long getDate( )：返回资源的当前日期。

（4） public Object getContent( ) throws IOException：返回此 URL 连接的内容。

（5） public InputStream getInputStream( ) throws IOException：返回从此打开的连接并读取的输入流。

（6） public OutputStream getOutputStream( ) throws IOException：返回写入到此连接的输出流。

【例 10—2】使用 URLConnection，读取 www. sina. com. cn 网页的内容。

```
import java. io. *;
import java. net. *;
public class URLConnectionDemo {
public static void main (String[ ]args) {
  try {
      URL url = new URL("http://www. sina. com. cn/");         //指定操作的 URL
      URLConnection sina = url. openConnection( );             //建立连接
      BufferedReader in = new BufferedReader(new InputStreamReader(sina. getInputStream( )));
                                                //创建 URL 的输入流
```

```
        String inputLine;
        while((inputLine = in. readLine( ))! = null)          //判断是否到达文件结尾
        System. out. println(inputLine);
        in. close( );
        }
    catch (MalformedURLException e) {
        e. printStackTrace( );
        }
    catch (IOException e) {
        e. printStackTrace( );
        }
    }
}
```

运行结果因程序输出内容太多，此处略。同学们思考一下，使用 URL 类如何实现该程序？

任务三　Socket 网络通信

一、问题情景及实现

使用 ServerSocket 和 Socket 完成服务器的程序开发，通过服务器端向客户端输出"你好，客户端!"的字符串信息。具体实现代码如下：

1. 服务器端程序代码

```
import java. net. *;
import java. io. *;
public class HelloServer{
    public static void main(String args[ ]) throws Exception {
        ServerSocket server = null;                           //定义服务器端
        Socket client = null;                                 //定义客户端
        PrintStream out = null;                               //定义打印流输出
        server = new ServerSocket(5678);                      //服务器在 567 端口上监听
        System. out. println("服务器运行,等待客户端连接.");
        client = server. accept( );                           //得到连接，程序进入阻塞状态
        String str = "你好,客户端!";                          //定义要输出的信息
        out = new PrintStream(client. getOutputStream( ));
        out. println(str);                                    //向客户端输出信息
        client. close( );
        server. close( );
    }
}
```

227

2. 客户端程序代码

```
import java.net.*;
import java.io.*;
public class HelloClient{
    public static void main(String args[ ]) throws Exception {
        Socket client = null;                                    //定义客户端
        client = new Socket("localhost",5678);
        BufferedReader buf = null;                               //一次性接收完成
        buf = new BufferedReader(new InputStreamReader(client.getInputStream( )));
        String str = buf.readLine( );
        System.out.println("服务器端输出内容:" + str);
        buf.close( );
        client.close( );
    }
}
```

 知识分析

使用 Socket 编程主要分为两部分:一部分是服务器端程序代码,另一部分是客户端程序代码。

服务器端程序的运行结果如图 10—2 所示。

图 10—2   服务器端运行结果

从运行结果中我们可以发现,服务器程序运行到 accept( ) 方法后,就进入阻塞状态,此阻塞状态一直到客户端连接后改变。

客户端程序的运行结果如图 10—3 所示。

图 10—3   客户端运行结果

此时客户端从服务器端将信息读取进来,因为服务器只能处理一次连接请求,所以读取完毕后程序结束。

二、相关知识：Socket 通信机制和通信模式、ServerSocket/Socket 类

网络上的两个程序通过一个双向的通信连接实现数据的交换，这个双向连接的一端称为一个套接字（Socket）。Socket 通常用来实现客户端与服务端的连接，使用此类可以方便地建立可靠的、双向的、持续的和点对点的通信连接。它是 TCP/IP 协议的一个非常流行的方法，一个 Socket 由一个 IP 地址和一个端口号唯一确定。

一个 Socket 包括两个流，分别是：输入流和输出流。如果一个进程要通过网络向另一个进程发送数据，只需简单地写入与 Socket 相关联的输出流。一个进程通过与 Socket 相关联的输入流来读取另一个进程所写的数据。

（一）Socket 通信机制

1. 建立连接

当两台计算机进行通信时，首先要在两者之间建立一个连接，这时两者需要分别运行不同的程序。由一端发出连接请求，另一端等候连接请求；当等候端收到连接请求并接收后，两者之间就建立了连接，之后可以进行数据交换。这就像我们现实中打电话的过程，必须有一方先拨打电话，另一方听到铃声并"主动"拿起听筒，连接建立后才可进行交流。打电话的一端称为"客户端"，接电话的一端称为"服务端"。

2. 连接的地址和端口号

为了连接的建立，需要由一个程序向另一个程序发出请求，这就需要能够唯一标识对方的计算机名称或地址，我们把它称之为"连接地址"。在 Internet 中，计算机的唯一标识就是 IP 地址。

但是仅有连接的 IP 地址还不够，我们还需要端口号。因为一台计算机上可能会有很多启动的程序，必须为每一个程序分配一个唯一的端口号，通过端口号来指定所要连接的程序。在 TCP/IP 系统中，端口号由 16 位整数组成，范围从 0～65 535。其中，前 1024 个端口号已经被定义为一些特殊的服务程序，不能分给普通用户使用，其余的端口可以自由分配。

在两个程序连接之前，需要先约定好连接的端口号。由服务端分配并等待连接请求，客户端使用分配的端口号并发出连接请求，只有两个程序所设定的端口号一致才能成功建立连接。

（二）Socket 通信模式

所谓 Socket，本意是"插座"，直译过来是"套接字"，意思就是把两个物品套在一起，网络中的意思就是建立一个连接。Socket 在 TCP/IP 协议中定义，针对一个特定的连接，每台计算机都有一个"插座"，就好像在它们之间有一条虚拟的"电线"，"电线"的每一端都插入一个"插座"中。

在 Socket 的程序开发中，服务器端使用 ServerSocket 类等待客户端的连接，客户端使用 Socket 类来表示。如果两台机器实现对等连接，那么每台机器必须同时使用 ServerSocket 和 Socket 两个对象。Socket 通信模式如图 10—4 所示。

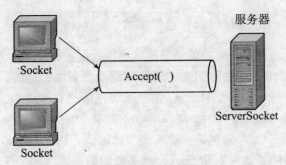

图 10—4 Socket 通信模式

（三）ServerSocket/Socket 类

1. ServerSocket 类

ServerSocket 类主要用于服务器端的程序开发，用于接收客户端的连接请求。

（1）常用的构造方法。

①public ServerSocket(int port) throws IOException。

②public ServerSocket(int port,int backlog) throws IOException。

其中，port 指定端口号，backlog 指定最大的连接数（即可同时连接的客户端数量）。这两种构造方法创建 ServerSocket 实例并指定监听端口，表示在指定的端口处等候客户端的连接。

（2）常用的实例方法。

①public Socket accept( ) throws IOException：等待客户端连接。

该方法一直处于等待状态，直到客户端发出请求或出现意外情况终止。当客户端发送请求时，该方法返回一个新建的 Socket 对象，代表服务端的套接字。

②public InetAddress getInetAddress( )：返回服务器的 IP 地址。

③public boolean isClosed( )：返回 ServerSocket 的关闭状态。

④public void close( ) throws IOException：关闭 ServerSocket 服务。

在服务器端每次运行时都要使用 accept( ) 方法等待客户端的连接，此方法执行后服务器端将进入阻塞状态，直到与客户端连接之后程序才能继续执行。此方法的返回值类型是 Socket，每一个 Socket 都表示一个客户端的对象。

2. Socket 类

通常一个 Socket 类对象由一个 IP 地址和一个端口号来决定。

（1）常用的构造方法。

①public Socket(String host,int port) throws UnknownHostException，IOException。

②public Socket(InetAddress address,int port) throws IOException。

其中，port 指定端口号，address 指定服务端地址。该方法在客户端以指定的服务端地址和端口号创建一个 Socket 对象，并向服务器端发出连接请求。

（2）常用的实例方法。

①public void close( ) throws IOException：关闭 Socket 连接。

②public InputStream getInputStream( ) throws IOException：获得输入流。

③public OutputStream getOutputStream( ) throws IOException：获得输出流。

在客户端，程序可以通过 Socket 类的 getInputStream( )方法取得服务器的输出信息，在服务器端可以通过 getOutputStream( )方法取得客户端的输出信息。

（3）对于一个功能齐全的 Socket，其工作过程如下：

①在服务器端创建一个 SocketServer 对象并指定端口号。

②运行 SocketServer 的 accept( )方法，等待客户端的请求。

③客户端建立一个 Socket 对象，指定计算机的地址和端口号，向服务器端发送连接请求。

④服务器端接收到请求后，创建 Socket 对象与客户端建立连接。

⑤服务器端和客户端分别建立输入/输出流，进行数据传输。

⑥通信结束后，服务器端和客户端分别关闭相应的 Socket 连接。

⑦服务器端程序运行结束后，调用 ServerSocket 对象的 close( ) 方法停止等候客户端请求。

本任务中，服务器端向客户端输出"你好，客户端!"字符串信息，这个简易的程序已经实现了服务器和客户端的信息交互，但此时出现了一个必然出现的问题，难道服务器一次只能传递一条信息吗？答案是否定的。我们可以通过 while 循环的方式使用 accept( )方法连续输入多条信息。

【例 10—3】使用 ServerSocket 和 Socket 完成服务器的程序开发，服务器不断接收客户机写入的信息直到客户机发送"End"字符串才退出程序，同时服务器发出"服务器端已接收"作为回应，告知客户机已接收到消息。

（1）编写服务器端程序代码。

```java
import java.io.*;
import java.net.*;
public class MyServer
{
    public static void main(String[ ]args) throws IOException
    {
        ServerSocket server = new ServerSocket(5678);    //服务器在 5678 端口等待客户端访问
        Socket client = server.accept( );                //程序阻塞，等待客户端访问
        BufferedReader in = new BufferedReader(new
                        InputStreamReader(client.getInputStream( )));
        PrintWriter out = new PrintWriter(client.getOutputStream( ));
                                                //实例化打印流，给出信息
        while(true)
        {
            String str = in.readLine( );
            System.out.println("客户端说:" + str);
            out.println("服务器端已接收");
            out.flush( );
            if(str.equals("end"))
                break;
```

```
        }
        client. close( );                              //关闭客户端
    }
}
```

(2) 编写客户端程序代码。

```
import java. net. *;
import java. io. *;
public class MyClient{
    public static void main(String[ ]args)throws Exception
    {
        Socket server = new Socket(InetAddress. getLocalHost( ),5678);
                                                       //指定连接主机及端口号
        BufferedReader in = new BufferedReader(new InputStreamReader(server. getInputStream( )));
        PrintWriter out = new PrintWriter(server. getOutputStream( ));
        BufferedReader wt = new BufferedReader(new InputStreamReader(System. in));
                                                       //声明对象，接收信息
        while(true)
        {
            String str = wt. readLine( );              //获取信息
            out. println(str);
            out. flush( );
            if(str. equals("end"))
            {
                    break;
            }
            System. out. println(in. readLine( ));
        }
        server. close( );                              //关闭服务器
    }
}
```

程序的运行结果如图 10—5 所示。

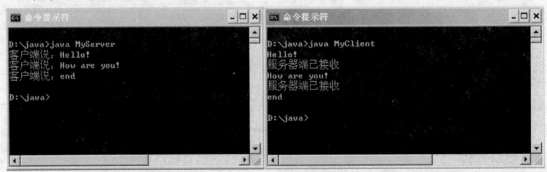

图 10—5　运行结果

这个程序的主要目的是让服务器代码不断接收客户机所写入的信息，客户机代码则接收客户键盘输入，并把该信息输出，然后输出"End"退出。这个程序实现的是简单的两台计算机之间的通信。对于多个客户机同时访问一个服务器，如果再运行多个客户机，结果则会抛出异常。那么多个客户机如何实现呢？

简单分析一下就可以看出，客户机和服务器通信的主要通道是 Socket 本身，而服务器通过 accept( )方法就是同意与客户机建立通信，当客户机建立 Socket 时，服务器也会使用这一根"连线"来通信，也就是说，只要存在多条"连线"就可以了。我们可以对例 10—3 中的服务器程序进行如下修改。

```java
import java.io.*;
import java.net.*;
public class AllServer
{
    public static void main(String[ ]args) throws IOException
    {
        ServerSocket server = new ServerSocket(5678);
        while(true)
        {
            Socket client = server.accept( );
            BufferedReader in = new BufferedReader(new
                            InputStreamReader(client.getInputStream( )));
            PrintWriter out = new PrintWriter(client.getOutputStream( ));
            while(true)
            {
                String str = in.readLine( );
                System.out.println("客户端说:" + str);
                out.println("服务器端已接收");
                out.flush( );
                if(str.equals("end"))
                    break;
            }
            client.close( );
        }
    }
}
```

这里只是加了一个外层的 while 循环，其目的是当一个客户机进来时就为它分配一个 Socket 直到这个客户机完成一次与服务器的交互，也就是接收到客户机的"End"消息，现在就实现了多客户机之间的交互了。

这样做虽然解决了多客户问题，可是程序是排队执行的。也就是说，当一个客户机与服务器完成一次通信后下一个客户机才可以进来与服务器交互，显然无法做到同时服务。那么如何才能实现同时相互交流呢？很显然这是一个并行执行的问题，线程是最佳的解决方案。

接下来是如何使用线程。首先，创建线程并使线程可以与网络"连线"，然后由线程来执行相关的操作。要创建线程要么直接继承 Thread 类，要么实现 Runnable 接口，建立与 Socket 的联系只要传递引用就可以了。

执行线程就必须重写 run( ) 方法，而 run( ) 方法所做的事情就是单线程版本 main 方法所做的事情，因此可以再次修改程序。

```java
import java.net.*;
import java.io.*;
public class MultiServer extends Thread
{
    private Socket client;
    public MultiServer (Socket c)
    {
    this.client = c;
    }
    public void run( )
    {
    try
    {
        BufferedReader in = new BufferedReader(new
                        InputStreamReader(client.getInputStream( )));
        PrintWriter out = new PrintWriter(client.getOutputStream( ));
        while(true)
        {
          String str = in.readLine( );
          System.out.println("客户端说:" + str);
          System.out.println("服务器端已接收");
          out.flush( );
          if(str.equals("end"))
          break;
        }
        client.close( );
    }
    catch(IOException ex)
      { }
    }
    public static void main(String[ ]args)throws IOException
    {
        ServerSocket server = new ServerSocket(5678);
        while(true)
        {
          MultiServer ms = new MultiServer(server.accept( ));
          ms.start( );
        }
    }
}
```

我们定义的类直接从 Thread 类继承，并且通过构造函数传递引用与客户机 Socket 建立联系。每个线程有一个通信管道，可以编写 run( ) 方法把相关的操作交给线程完成，这样多客户并行的 Socket 就建立起来了。继承自 Runnable 接口程序又该如何编写呢？读者可自行设计，这里不再讲述。

三、知识拓展：TCP 与 UDP 的比较、UDP 程序的实现

（一）TCP 与 UDP 的比较

TCP 是 Transmission Control Protocol 的简称，是一种面向连接的保证可靠传输的协议。通过 TCP 协议传输，得到的是一个顺序的无差错的数据流。发送方和接收方的 Socket 之间必须建立连接，以便在 TCP 协议的基础上进行通信。当一个 Socket（通常是 Server Socket）等待建立连接时，另一个 Socket 可以要求进行连接，一旦这两个 Socket 连接起来，就可以进行双向数据传输，双方都可以进行发送或接收操作。

UDP 是 User Datagram Protocol 的简称，是一种无连接的协议，每个数据报都是一个独立的信息，包括完整的源地址或目的地址。由于它在网络上是面向无连接的，因此数据能否到达目的地、到达目的地的时间和内容的正确性都是不能保证的。

下面我们对这两种协议做简单比较。

对于 TCP 协议，由于它是一个面向连接的协议，在 Socket 之间进行数据传输之前必须建立连接，所以在 TCP 中多了一个连接建立的时间。使用 UDP 时，每个数据报中都给出了完整的地址信息，因此无须建立发送方和接收方的连接。

使用 UDP 传输数据时，数据是有大小限制的，每个被传输的数据报必须限定在 64KB 之内。而 TCP 没有这方面的限制，一旦连接建立起来，双方的 Socket 就可以按统一的格式传输大量的数据。UDP 是一个不可靠的协议，发送方所发送的数据报并不一定以相同的次序到达接收方；而 TCP 是一个可靠的协议，它确保接收方完全正确地获取发送方所发送的全部数据。

总之，TCP 在网络通信上有极强的生命力，如远程连接（Telnet）和文件传输（FTP）都需要可靠地传输不定长度的数据。因此 TCP 通常用于局域网高可靠性的分散系统中的 client/server 应用程序。

既然有了保证可靠传输的 TCP 协议，为什么还要非可靠传输的 UDP 协议呢？主要的原因有两个。一是可靠的传输是要付出代价的，对数据内容正确性的检验必然占用计算机的处理时间和网络的带宽，相比之下 UDP 操作简单，而且仅需要较少的监护，因此 TCP 传输的效率不如 UDP 高；二是在许多应用中并不需要保证严格的传输可靠性，比如视频会议系统，并不要求音频、视频数据绝对的正确，只要保证连贯性就可以了，这种情况下显然使用 UDP 会更合理一些。

（二）UDP 程序的实现

在 java. net 包中有两个类 DatagramSocket 和 DatagramPacket，它们为应用程序采用数据报通信方式进行网络通信。

1. 数据报

数据报（Datagram）是网络层数据单元在介质上传输信息的一种逻辑分组格式，是一种在网络中传播的、独立的、自身包含地址信息的消息，它能否到达目的地、到达的时间和

内容是不能准确知道的，也就是说，通信双方不需要建立连接。对于一些不需要很高质量的应用程序，数据报通信是非常好的选择。对于实时性要求很高的情况，如在实时音频和视频应用中，数据包的丢失和位置错乱是静态的，是可以被人们所忍受的，但是如果在数据包位置错乱或丢失时要求数据包重传，就是用户所不能忍受的，这时就可以利用 UDP 协议传输数据包。

2. DatagramSocket 类

DatagramSocket 类用于创建接收和发送 UDP 的 Socket 实例。与 Socket 类依赖 SocketImpl 类一样，DatagramSocket 类的实现也依靠专门为它设计的 DatagramScoketImplFactory 类。

（1）常用的构造方法如下：

①DatagramSocket( )：创建实例。这是个比较特殊的用法，通常用于客户端编程，它并没有特定监听的端口，仅使用一个临时的端口。

②DatagramSocket(int port)：创建实例，并固定监听 port 端口的报文。

③DatagramSocket(int port, InetAddress localAddr)：这是一个非常有用的构建方法，当一台计算机拥有多个 IP 地址的时候，由它创建的实例仅接收来自 LocalAddr 的报文。

值得注意的是，在创建 DatagramSocket 类实例时，如果端口已经被使用，则会产生一个 SocketException 的异常抛出，并导致程序被非法中止，这个异常应该注意捕获。

（2）DatagramSocket 类主要的方法有 4 个，分别如下：

①Receive(DatagramPacket d)：接收数据报文到 d 中，Receive 方法产生一个"阻塞"。

②Send(DatagramPacket d)：发送报文 d 到目的地。

③SetSoTimeout(int timeout)：设置超时时间，单位为 ms。

④Close( )：关闭 DatagramSocket。在应用程序退出的时候，通常会主动释放资源，关闭 Socket。但是由于异常退出可能造成资源无法回收，所以应该在程序完成时，主动使用此方法关闭 Socket，或在捕获到异常抛出后关闭 Socket。

3. DatagramPacket 类

DatagramPacket 类用于处理报文，它将 Byte 数组、目标地址、目标端口等数据包装成报文或者将报文拆卸成 Byte 数组。

（1）常用的构造函数有两个：一个用来接收数据，另一个用来发送数据。

① public DatagramPacket(byte[ ]buf, int length)：构造 DatagramPacket 用来接收长度为 length 的包。

②public DatagramPacket(byte[ ]buf, int length, InetAddress address, int port)：构造数据报文包用来把长度为 length 的包发送到指定宿主的端口号。

（2）DatagramPacket 类最主要的方法有以下几个：

getAddress( )：返回发送或接收此数据报文的机器的 IP 地址。

getData( )：返回接收的数据或发送的数据。

getLength( )：返回发送或接收数据的长度。

getPort( )：返回发送或接收该数据报文的远程主机的端口号。

要想实现 UDP 程序，首先应该编写客户端程序，在客户端指定接收数据的端口。

【例 10—4】利用数据报进行广播通信。

（1）UDP 客户端程序代码。

```
import java. net. DatagramPacket;
import java. net. DatagramSocket;
public class UDPClient{
    public static void main(String args[ ]) throws Exception{
                                                    //所有异常抛出
            DatagramSocket ds = null;               //定义接收数据报的对象
            byte[ ]buf = new byte[1024];            //开辟空间,以接收数据
            DatagramPacket dp = null;               //声明 DatagramPacket 对象
            ds = new DatagramSocket(9000);          //客户端在 9000 端口上等待服务器发送信息
            dp = new DatagramPacket(buf,1024);      //所有的信息使用 buf 保存
            ds. receive(dp);                        //接收数据
            String str = new String(dp. getData( ),0,dp. getLength( )) + "from " +
                dp. getAddress( ). getHostAddress( ) + ":" + dp. getPort( );
            System. out. println(str);             //输出内容
        }
    }
```

（2）UDP 服务器端程序代码。

```
import java. net. DatagramPacket;
import java. net. DatagramSocket;
import java. net. InetAddress;
public class UDPServer{
public static void main(String args[ ]) throws Exception{ //所有异常抛出
    DatagramSocket ds = null;                   //定义发送数据报的对象
    DatagramPacket dp = null;                   //声明 DatagramPacket 对象
    ds = new DatagramSocket(3000);              //服务端在 3000 端口上等待服务器发送信息
    String str = "hello World!!!";
    dp = new DatagramPacket(str. getBytes( ),str. length( ),
            InetAddress. getByName("localhost"),9000); //所有的信息使用 buf 保存
    System. out. println("发送信息。");
    ds. send(dp);                               //发送信息出去
    ds. close( );
    }
}
```

通过以上的例题，我们知道利用数据报进行广播通信是非常简单而且容易实现的。

综合实训十　网络聊天程序

【实训目的】

通过本实训项目使学生能较好地熟悉 Java GUI 设计，能按基本规范书写程序，具备一定的网络编程能力。

【实训情景设置】

设计一个聊天程序，客户端和服务器端发消息，能够互相交流。

【项目参考代码】

1. 客户机端：Client. java

```java
import java. io. *;
import java. awt. *;
import java. awt. event. *;
import java. net. *;
class Client implements WindowListener, ActionListener {
    Frame f;
    Label lb1;
    Label lb2;
    Label lb3;
    Panel p1;
    Panel p2;
    Panel p3;
    Button bt1;
    TextField tf1;
    TextArea ta;
    TextField tf;
    Button bt;
    String hostname;
    String ip;
    DatagramSocket receiveSocket, sendSocket;
    DatagramPacket receivePacket , sendPacket;
    public static void main(String[ ]args)
    {
        Client client = new Client( );
        client. creatwindow( );
        client. start( );
        client. receiveMessage( );
    }
    void creatwindow( )
    {
        f = new Frame("客户端");
        p1 = new Panel( );
        p2 = new Panel( );
        p3 = new Panel( );
        lb1 = new Label("对话框");
        lb2 = new Label("发送消息");
        lb3 = new Label("服务器 IP");
        tf1 = new TextField(20);
        bt1 = new Button("确定");
        ta = new TextArea(10, 20);
```

```
    tf = new TextField(20);
    bt = new Button("发送");
    ta. setEditable(false);
    p1. add(lb3);
    p1. add(tf1);
    p1. add(bt1);
    p2. add(lb1);
    p2. add(ta);
    p3. add(lb2);
    p3. add(tf);
    p3. add(bt);
    f. addWindowListener(this);
    bt. addActionListener(this);
    bt1. addActionListener(this);
    f. add(p1,BorderLayout. NORTH);
    f. add(p2,BorderLayout. CENTER);
    f. add(p3,BorderLayout. SOUTH);
    f. setSize(300,200);
    f. setVisible(true);
    f. setLocation(100,500);
}
public void windowClosing(WindowEvent e)
{
    receiveSocket. close( );
    sendSocket. close( );
    System. exit(0);
}
public void windowClosed(WindowEvent e){ }
public void windowOpened(WindowEvent e){ }
public void windowIconified(WindowEvent e){ }
public void windowDeiconified(WindowEvent e){ }
public void windowDeactivated(WindowEvent e){ }
public void windowActivated(WindowEvent e){ }
public void start( )
{
    try
      {
          sendSocket = new DatagramSocket(5000);           //客户机发送端口
      }
      catch(Exception e)
      {
        ta. append(e + "\n");
      }
```

```
        }
    public void receiveMessage( )                        //客户机发送消息
    {
        try
        {
            receiveSocket = new DatagramSocket(3000);    //客户机接收端口
            while(true)
            {
                byte[ ]buf = new byte[200];
                    receivePacket = new DatagramPacket(buf, buf. length);
                    receiveSocket. receive(receivePacket);
                    if(receivePacket. getLength( ) == 0)
                    {
                     ta. append("空消息" + "\n");
                    continue;
                    }
                    ByteArrayInputStream bin = new ByteArrayInputStream (receivePacket. getData( ));
                    BufferedReader read = new BufferedReader(new InputStreamReader(bin));
                    ta. append("服务器:" + read. readLine( ));
                    ta. append("\n");
                    read. close( );
                    bin. close( );
            }
            }catch(Exception e)
            {
                 ta. append(e + "sendmessage error\n");
            }
        }
    public void sendMessage( )
    {
        try{
        String s = tf. getText( );
        tf. setText("");
        ta. append("客户机:" + s);
        ta. append("\n");
        ByteArrayOutputStream out = new ByteArrayOutputStream( );
        PrintStream pout = new PrintStream(out);
        pout. print(s);
        byte[ ]buf = out. toByteArray( );
        sendPacket = new DatagramPacket(buf, buf. length, InetAddress. getByName(ip), 4000);
        sendSocket. send(sendPacket);
        buf = null;
        }
```

```
            catch(Exception e)
            {
            ta. append(e + "\n");
            }
            }
        public void actionPerformed(ActionEvent e)
        {
                if(e. getSource( ) == bt)
                {
                    sendMessage( );
                }
                else if(e. getSource( ) == bt1)
                {
                    ip = tf1. getText( );
                    tf1. setText("");
                }
            }
        }
```

2. 服务器端：Server. java

```java
import java. io. *;
import java. awt. *;
import java. awt. event. *;
import java. net. *;
class Server implements WindowListener, ActionListener {
    Frame f;
    Label lb1;
    Label lb2;
    TextArea ta;
    TextField tf;
    Button bt;
    String hostname;
    DatagramSocket receiveSocket, sendSocket;
    DatagramPacket receivePacket , sendPacket;
    InetAddress ip;
    public static void main(String[ ]args)
    {
        Server server = new Server( );
        server. createwindow( );
        server. start( );
        server. receiveMessage( );
    }
    void createwindow( )
```

```
    {
        f = new Frame("服务器端");
        lb1 = new Label("对话框");
        lb2 = new Label("发送消息");
        ta = new TextArea(7,20);
        tf = new TextField(15);
        bt = new Button("发送");
        ta. setEditable(false);
        f. add(lb1);
        f. add(ta);
        f. add(lb2);
        f. add(tf);
        f. add(bt);
        f. addWindowListener(this);
        bt. addActionListener(this);
        f. setLayout(new FlowLayout( ));
        f. setSize(300,200);
        f. setVisible(true);
        f. setLocation(100,500);
    }
    public void windowClosing(WindowEvent e) {
    receiveSocket. close( );
        sendSocket. close( );
        System. exit(0);
    }
    public void windowClosed(WindowEvent e){ }
    public void windowOpened(WindowEvent e){ }
    public void windowIconified(WindowEvent e){ }
    public void windowDeiconified(WindowEvent e){ }
    public void windowDeactivated(WindowEvent e){ }
    public void windowActivated(WindowEvent e){ }
    public void start( )
    {
        try
        {
        sendSocket = new DatagramSocket(6000);          //服务器发送端口
        }
        catch(Exception e)
        {
            ta. append(e + "\n");
        }
    }
    public void receiveMessage( )                       //服务器发送消息
```

```
{
    try
    {
        receiveSocket = new DatagramSocket(4000);              //服务器接收端口
        while(true)
        {
            byte[ ]buf = new byte[200];
            receivePacket = new DatagramPacket(buf, buf.length);
            receiveSocket.receive(receivePacket);
            ip = receivePacket.getAddress( );
            if(receivePacket.getLength( ) == 0)
            {
                ta.append("空消息\n");
                continue;
            }
            ByteArrayInputStreamb in = new ByteArrayInputStream(receivePacket.getData( ));
            BufferedReader read = new BufferedReader(new InputStreamReader(bin));
            ta.append("客户端:" + read.readLine( ));
            ta.append("\n");
            read.close( );
            bin.close( );
        }
    }
    catch(Exception e)
    {
        ta.append(e + "sendmessage error\n");
    }
}
public void sendMessage( )
{
    try{
        String s = tf.getText( );
        tf.setText("");
        ta.append("服务器:" + s);
        ta.append("\n");
        ByteArrayOutputStream out = new ByteArrayOutputStream( );
        PrintStream pout = new PrintStream(out);
        pout.print(s);
        byte[ ]buf = out.toByteArray( );
        sendPacket = new DatagramPacket(buf, buf.length, ip, 3000);
        sendSocket.send(sendPacket);
        buf = null;
    }
```

```
        catch(Exception e)
    {
        ta.append(e + "\n");
    }
    }
    public void actionPerformed(ActionEvent e)
    {
            if(e.getSource( ) == bt)
            {
                sendMessage( );
            }
    }
    }
```

【程序模拟运行结果】

程序的运行结果如图 10—6 所示。

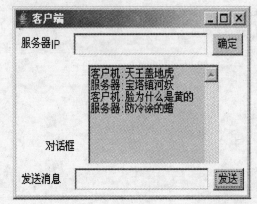 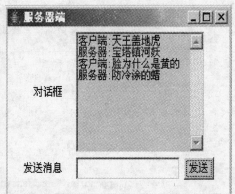

图 10—6　运行结果

拓展动手练习十

1. 练习目的

（1）理解 TCP/IP 协议。

（2）掌握 URL 编程。

（3）掌握 Socket 编程。

2. 练习内容

（1）编程实现在普通应用程序中访问远程主机文件。

（2）编程实现在 Applet 中访问远程服务器主机文件。

（3）进一步完善本章的聊天室程序。

习 题 十

一、选择题

1. 关于协议下面说法错误的是( )。

    A. TCP/IP 协议由 TCP 协议和 IP 协议组成。

    B. TCP 和 UDP 都是 TCP/IP 协议传输层的子协议。

    C. Socket 是 TCP/IP 协议的一部分。

    D. 主机名的解析是 TCP/IP 的一部分。

2. URL url＝new URL(http://freemail.263.net)，那么 url.getFile( ) 得到的结果是( )。

    A. 263   B. net   C. null   D. " "

3. 下面 URL 合法的是( )。

    A. http://166.111.136.3/index.html

    B. ftp://166,111,136,3/incoming

    C. ftp://166.111.136.3:－1

    D. http://166.111.136.3.3

4. 下面方法表示本机的是( )。

    A. localhost   B. 255.255.255.255

    C. 127.0.0.1   D. 123.456.0.0

5. 下面服务中使用 TCP 协议的是 ( )。

    A. HTTP   B. FTP   C. SMTP   D. NEWS

6. 下面创建 Socket 语句正确的是( )。

    A. Socket a＝new Socket(80);

    B. Socket b＝new Socket("130.3.4.5",80);

    C. ServerSocket c＝new Socket(80);

    D. ServerSocket d＝new Socket("130.3.4.5",80);

7. 下面关于数据报通信（UDP）和流式通信（TCP）的论述，正确的有( )。

    A. TCP 和 UDP 在很大程度上是一样的，由于历史原因产生了两个不同的名字而已。

    B. TCP 和 UDP 在传输方式上一样，都是基于流的，但是 TCP 可靠，UDP 不可靠。

    C. TCP 和 UDP 使用的都是 IP 层所提供的服务。

    D. 用户可以使用 UDP 来实现 TCP 的功能。

8. TCP/IP 协议栈的 4 层结构不包括( )。

    A. 应用层   B. 传输层   C. 网络层   D. 会话层

9. InetAddress 类中不能得到主机的 IP 地址的是( )。

    A. getHostAddress   B. getLocalHost

    C. getHostName   D. 以上任意方法都可以

二、填空题

1. 一个 Socket 由一个_____地址和一个_____唯一确定。

2. 目前最广泛使用的网络协议是 Internet 上使用的_____协议。

3. TCP/IP 协议的两种通信协议是_____协议和_____协议。

4. 常用的编程模式有客户端/_____模式。

5. 套接字是一个特定机器上被编号的_____，用户可用的端口号是_____，系统可用的端口号是_____。

三、简答题

1. 什么叫套接字？它的作用是什么？

2. 建立 Socket 连接时，客户端和服务器端有什么不同？

3. UDP 通信的步骤是什么？

四、编程题

1. 创建一个 URL 对象，并获取它的各个属性。

2. 编写一个程序，利用 URL 类获取某一网站主页的 HTML 文件。

3. 编写一对客户机/服务器程序，利用数据报将一个文件从一台机器传到另外一台机器上。

项目十一　电子相册设计
——Applet 程序

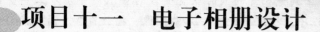

技能目标

能编写运行 Applet 程序并使用 Applet 程序处理声音与图像。

知识目标

理解 Applet 程序与 Application 程序之间的区别；
掌握 Applet 的类层次；
掌握 Applet 的生命周期及相关方法；
掌握 Applet 程序的基本结构；
掌握 HTML 文件中与 Applet 相关的标记；
掌握 Applet 中输出声音与图像的基本方法。

项目任务

本项目实现了相片管理的程序框架，在该程序中既可以浏览相片，同时也可以欣赏美妙的音乐。程序运行结果如图 11—1 所示。

图 11—1　相片浏览

项目解析

本项目实现相片管理功能，并在浏览相片的同时欣赏美妙的音乐，可分为三个步骤实现，将 Java 编写的 Applet 小应用程序嵌入到 Web 中、加载图像、播放声音。因此我们可把本项目分成 3 个子任务，即 Applet 程序的编写、加载图像、播放声音。

任务一　Applet 程序的编写

一、问题情境及实现

设计 Applet 程序实现求和功能，Applet 的界面如图 11—2 所示。

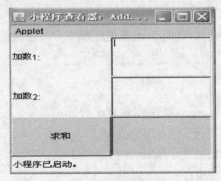

图 11—2　求和界面

具体实现代码如下：

```
import java. awt. *;
import java. awt. event. *;
import java. applet. *;
public class AddExam extends Applet implements ActionListener
{
     Label l1,l2;
    TextField t1,t2,t3;
    Button b;
    public void init( )
    {                                                    //初始化窗体
     l1 = new Label("加数 1:");
     l2 = new Label("加数 2:");
     t1 = new TextField( );
     t2 = new TextField( );
     t3 = new TextField( );
     t3. setEditable(false);
     b = new Button("求和");
     b. addActionListener(this);                         //添加监听
```

```
        setLayout(new GridLayout(3,2));              //设置布局
        add(l1);                                     //添加组件
        add(t1);
        add(l2);
        add(t2);
        add(b);
        add(t3);
        setSize(200,200);
        setVisible(true);
    }
    public void actionPerformed(ActionEvent e)
    {
        int x,y;
        x = Integer. parseInt(t1. getText( ));
        y = Integer. parseInt(t2. getText( ));
        t3. setText("" + (x + y));
    }
}
```

 知识分析

根据前面学过的知识，可以创建一个 Frame 类对象，在其中添加组件完成功能的实现。现在我们使用 Applet 作为容器，实现图形界面的设计以及按钮响应机制功能。Applet 应用程序与独立应用程序所执行的效果是一样的。那么如何在 Web 中运行 Applet 呢？

二、相关知识：Applet 概述、Applet 类、标记格式、参数传递的应用、Applet 与浏览器之间的通信、Applet 程序的运行方式

（一）Applet 概述

Java Applet 应用程序，又称为小应用程序，是工作在 Internet 浏览器上的 Java 程序。Java Applet 主要用来将 Java 程序嵌入到 HTML 网页中，并在网络上传播，它在网络浏览器的支持下运行。Java Applet 运行在一个窗口环境中，提供基本的绘画功能、动画和声音播放功能，可实现内容丰富多彩的动态页面效果、页面交互功能和网络交流功能。

在 Java 应用程序中，必须有一个 main( ) 方法，在程序开始运行时，解释器首先查找 main( ) 方法并执行；而 Applet 没有 main( ) 方法，必须嵌入到 HTML 文件中，由支持 Java Applet 的浏览器或 Java SDK 中模拟浏览器环境的 Appletviewer. exe 运行。从某种意义上来说，Applet 有些类似于组件，它实现的功能是不完全的，必须借助于浏览器中预先设计好的功能和已有的图形界面。Applet 所要做的是接收浏览器发送给它的消息和事件，并做出及时的反应。另外，为了协调与浏览器的合作过程，Applet 中有一些固定的且只能由浏览器在特定时刻和场合调用的方法，运行方式如图 11—3 所示。

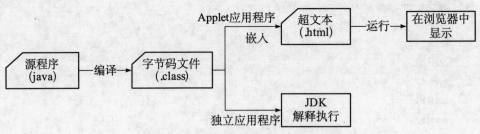

图 11—3　**Applet 应用程序的运行方式**

1. Applet 的安全性

Applet 程序的运行机制是从网络上将 Applet 的伪代码从服务器端下载到客户端，并由客户端浏览器解释执行。这就意味着程序如果含有恶意代码的话，将会对客户端造成损害。为了防止这样的问题出现，大多数的浏览器（如 IE）对 Java 的安全性做了规定，主要禁止 Applet 的以下行为：

（1）禁止运行任何一个本地可执行程序。

（2）禁止与除服务器外的任何一台主机通信。

（3）禁止读/写本地计算机的文件系统。

（4）禁止访问用户名、电子邮件地址等与本地计算机有关的信息。

2. Applet 的工作原理

编译好的字节码文件（.class 文件）保存在特定的 WWW 服务器上，同一个或另外一个 WWW 服务器上保存着嵌入该字节码文件名的 HTML 文件。当某一个浏览器向服务器请求下载并嵌入了 Applet 的 HTML 文件时，该文件将从 WWW 服务器上下载到客户端，由 WWW 浏览器解释 HTML 中的各种标记，按照其约定将文件中的信息以一定的格式显示在用户的屏幕上。

Applet 的工作原理如图 11—4 所示。

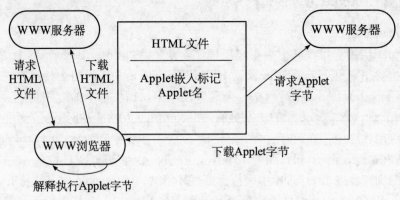

图 11—4　**Applet 的工作原理**

（二）Applet 类

1. Applet 类的层次关系

所有的 Java Applet 都必须声明为 java. apple. Applet 类的子类或 javax. swing. JApplet 类的子类。通过 Applet 类或 JApplet 类的子类，才能完成 Applet 与浏览器的结合。

Applet 类有如下继承关系：

java. lang. Object(Object 类是所有类的根类)

  +−− java. awt. Component(抽象组件类)

      +−− java. awt. Container(抽象容器类)

          +−− java. awt. Panel（非抽象面板类，实现了 Container 所有的方法）

              +−− java. applet. Applet

                  +−− javax. swing. JApplet

从类的层次可以了解到，Applet 类除了拥有自己的方法外，还可以继承父类的方法。java. applet. Applet 类实际上是 java. awt. Panel 的子类。java. applet 包含了一个 Applet 类和 3 个接口 ：Applet Context 接口、AppletStub 接口、AudioClip 接口。

2. Applet 的生命周期及主要方法

程序运行从开始到结束的过程称为程序的生命周期。通常独立的应用程序的生命周期从 main( ) 方法开始，直到运行结束。而 Applet 应用程序不同，它的生命周期与浏览器息息相关。作为浏览器的一部分，Applet 程序何时运行、何时结束都由浏览器控制，Applet 对象是浏览器窗口中运行的一个线程。

● 当打开浏览器窗口时，创建并初始化其中的 Applet 对象。

● 当显示 Applet 时，启动 Applet 线程运行。

● 当不显示 Applet 时，停止 Applet 线程运行。

● 当关闭浏览器窗口时，撤销 Applet 对象。

与此对应，Applet 类中声明了与生命周期相关的 4 个主要方法：init( )、start( )、stop（ ）和 destroy( )，如图 11—5 所示。

图 11—5　Applet 的生命周期

（1）init( )方法。

当打开浏览器窗口时，创建并初始化 Applet 对象，系统会自动调用 init( )方法完成必要的初始化工作。初始化的主要任务是创建所需要的对象、设置初始状态、装载图像、设置参数等。在整个 Applet 的生命周期中 init 方法只会执行一次。

（2）start( )方法。

当激活浏览器窗口时，启动 Applet 线程运行，执行 start( )方法，显示 Applet。在程序的执行过程中，与 init( )方法只被调用一次不同的是：start( )方法将被多次自动调用执行。除了在运行时调用方法 start( )外，当用户从 Java Applet 所在的 Web 页面转到其他页面返回时，start( )将再次被调用，但此时不再调用 init( )方法。

（3）stop（ ）方法。

当浏览器离开 Java Applet 所在的页面转到其他页面时，需要停止 Applet 线程的运行，系统将调用 stop( )方法。如果浏览器又回到此页，则 start（ ）又将被调用以启动 Java

Applet。在 Java Applet 的生命周期中，stop( )方法也可以被多次调用。如果用户在 Java Applet 中设计了播放音乐的功能，而没有在 stop( )方法中给出停止播放的语句，那么离开此页而浏览其他页时，音乐将不能停止。如果没有定义 stop( )方法，当用户离开 Java Applet 所在的页面时，Java Applet 将继续使用系统资源。若定义了 stop( )方法，则可以挂起 Java Applet 的执行。

（4）destroy( )方法。

当浏览器结束浏览时，系统自动执行 destroy( )方法。该方法是父类 Applet 中的方法，不必被重写，直接继承即可。

由于 Applet 应用程序都是 Applet 的子类，继承了以上 4 个方法，所以程序可以根据需要覆盖其中的方法。当浏览器运行时，系统将自动执行相应的方法。即使不重写这些方法，应用程序也可以正常运行。

3. Applet 的其他画图方法

除了控制 Applet 生命周期的方法外，Applet 作为一个容器，还可以实现其画图的功能，此时需要用到项目四中所学到的 java. awt. Component 类声明的 3 个用于组件刷新和显示的方法：paint( )、repaint( )和 update( )。

（1）paint( )方法。

paint(Graphics g)方法可以使一个 Applet 在屏幕上显示某些信息，如文字、色彩、背景和图像等。在 Applet 的生命周期中可以被多次调用。例如，当 Applet 被其他页面遮挡，又重新被激活显示、改变浏览器窗口的大小，以及 Applet 自身需要显示信息时，paint( )方法都会被自动调用。

（2）repaint( )方法。

repaint( )方法主要用于重绘图形，它是通过调用 update( )方法来实现重绘图形的。当组件外形发生变化时，系统自动调用 repaint( )方法。repaint( )方法有几种重载方法，调用不同的方法，可实现组件的局部重绘、延时重绘等功能。

（3）update( )方法。

update( )方法用于更新图形。它首先清除背景，然后设置前景，再调用 paint( )方法完成具体的绘图。一般我们不需要重写 update( )方法。

另外在进行基本绘图时，可以设定所需的字体及颜色等，这些也需要用到我们前面学到的知识，Font 类和 Color 类等。

【例 11—1】Applet 程序的演示。

```java
import java. awt. *;
import java. applet. *;
public class HelloApplet extends Applet {
    public void paint(Graphics g)
    {
      g. setColor(Color. red);                        //设置颜色
      g. setFont(new Font("隶书",Font. BOLD,50));     //设置字体
      g. drawString("Hello Applet!",50,50);          //显示字符串
    }
}
```

程序的运行结果如图 11—6 所示。

图 11—6　运行结果

之前我们编写的程序虽然已编译通过，却不能直接运行出结果。因为 Applet 是一种存储于 WWW 服务器、用 Java 语言编写的程序，它通常由浏览器下载到客户端系统中，并在浏览器中运行，因此 Applet 程序要嵌入到 HTML 文件中才能正常运行。下面我们将介绍与 Applet 有关的 HTML 文件的标记。

（三）Applet 标记格式

Applet 标记格式如下：

〈applet code＝字节码文件名（.class) width＝宽度 height＝高度〉
［codebase＝字节码文件路径］
［alt＝显示的替代文本］
［name＝Applet 对象名］
［align＝对齐方式］
［vspace＝垂直间隔］
［hspace＝水平间隔］
［〈param name＝参数名 1 value＝参数值 1〉］
［〈param name＝参数名 2 value＝参数值 2〉］
...
［alternateHTML］
〈/applet〉

各个参数选项的解释如下：

（1）code＝字节码文件名（.class)：这是一个必选的选项，它给定了含有已编译好的初始 Applet 子类的文件名，可省略扩展名。一般情况下，如果 Applet 子类的类文件与 HT-ML 文件放在同一个目录中，则无须路径。如果类文件与 HTML 文件不在一个目录下，就需要用到〈codebase〉选项。

（2）width＝宽度 height＝高度：这是一个必选的选项，它给定了 Applet 显示区域的初始宽度和高度（以像素为单位）。

（3）codebase＝字节码文件路径：这一选项用来指定 Applet 字节码文件的存储路径。当字节码文件与 HTML 文件不在同一个目录时，应指定字节码文件位置，可采用 URL 格式（即网络地址），对于本地计算机可采用绝对路径。运行时浏览器自动在 HTML 文件所在的目录下寻找并执行 Applet 字节码文件。

（4）alt＝显示的替代文本：这一选项指定了替换显示的文本内容。当浏览器不能运行 Applet 程序时，将显示替换文本的内容。省略时，显示默认的出错信息。

（5）name＝Applet 对象名：这一选项用来指定 Applet 的实例化对象名，使同一个 Web

页上的多个 Applet 可以互相识别出来。

(6) align＝对齐方式：这一选项用来指定 Applet 在浏览器窗口中的对齐方式。常用的取值有：left（左对齐）、right（右对齐）、top（上对齐）、middle（居中对齐）、bottom（底部对齐）等。

(7) vspace＝垂直间隔 hspace＝水平间隔：这一选项用来指定 Applet 与四周文本的间隔，以像素为单位。

(8) param name＝参数名 value＝参数值：param 标签包含两个参数，name 指定参数名，value 指定参数值。Applet 可通过 getParameter 方法读取这两个参数。一个 Applet 单元可包含多个 param 标签。

(9) alternateHTML：这一选项用来指定可替换的 HTML 代码。如果标识的文字不支持 Applet 标签，将忽略〈applet〉和〈param〉内容，显示指定的 HTML 代码。

我们已经学习了 Applet 标记的属性，现在来看如何在 HTML 文件代码中把参数传递到 Applet 程序中，使得在不改变 Applet 程序的情况下改变其输出结果。

（四）参数传递的应用

【例 11—2】编写一个 Applet 程序，将 HTML 文件中给出的两个整型参数做加数，求它们的和并显示结果。

(1) Applet 应用程序如下：

```
import java.awt.*;
import java.applet.*;
public class Te extends Applet
{       int score1,score2;
        int score3;
        String message1,message2,message3;
        public void init( )
        {
          score1 = Integer.parseInt(getParameter("加数 1"));
          score2 = Integer.parseInt(getParameter("加数 2"));
          score3 = score1 + score2;
          message1 = "第一个加数是:" + score1;
          message2 = "第二个加数是:" + score2;
          message3 = "两数之和是:" + score3;
          }
        public void paint(Graphics g)
        {
          g.drawString(message1,20,40);
          g.drawString(message2,20,55);
          g.drawString(message3,20,70);
          }
    }
```

(2) 相应的 HTML 文件的文件名为 HelloApplet.html。程序如下：

```
<html>
<applet code = "Sum. class" width = "500" height = "300">
<param name = "加数 1" value = 23>
<param name = "加数 2" value = 56>
</applet>
</html>
```

程序的运行结果如图 11—7 所示。

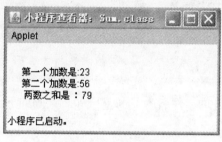

图 11—7　运行结果

程序中，通过 getParameter 方法获得参数的值，其类型为字符串。对于 int 型的 score1 和 score2，必须将类型由字符串转换为数值型。本例使用的是一种最常用的方法。

思考：如果传递的是两个浮点数，那该如何转换？

（五）Applet 与浏览器之间的通信

在 Applet 类中提供了多种方法，可以与浏览器进行通信。上例中介绍的 Applet 从 HTML文件中获得参数，实际上也是一种与浏览器之间的通信。下面我们介绍一些相关方法。

（1）public URL getCodeBase( )：获得 URL，这是包含此 Applet 目录的 URL。

（2）public URL getDocumentBase( )：获取嵌入了此 Applet 的文档的 URL。

例如，假定 Applet 包含在以下文档中：

> http://java. sun. com/products/jdk/1. 2/index. html

则 HTML 文档的 URL 是：

> http://java. sun. com/products/jdk/1. 2/

（3）public AppletContext getAppletContext( )：返回一个 AppletContext 对象，称为 Java Applet 所在的运行环境。在 Java Applet 程序中，可以使用这个方法返回一个 Applet-Context 对象，通过该对象调用如下方法：

```
void showDocument(URL  url)
```
//完成从嵌入 Java Applet 的 Web 页连接另一个 Web 页的工作，程序只需提供 URL，其他工作将自动完成

【例 11—3】使用 getCodeBase( )和 getDocumentBase( )方法来获取 Applet 程序所在的路径和 HTML 的文档名。

（1）Applet 应用程序：

```
import java. awt. *;
import java. applet. *;
```

```
import java. net. *;
public class Bases extends Applet{
    public void paint(Graphics g){
        String s;
        URL url = getCodeBase( );
        s = "Code Base:" + url. toString( );
        g. drawString(s,20,20);
        url = getDocumentBase( );
        s = "Document Base:" + url. toString( );
        g. drawString(s,20,40);
        }
    }
```

（2）相应的 HTML 文件的文件名为 Bases. html。代码如下：

```
〈html〉
〈applet code = "Bases. class" width = "500" height = "300"〉
〈/applet〉
〈/html〉
```

程序的运行结果如图 11—8 所示。

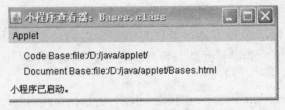

图 11—8　运行结果

（六）Applet 程序的运行方式

Applet 程序的运行方式有两种：一种可在编译器如 JCreator 中直接运行，另一种通过命令行方式运行。

1. 在 JCreator 中直接运行

当在 JCreator 中 Java Applet 程序编译通过后，从 JCreator 中选择"文件→新建"命令，在选择新建程序类型时，选择"Html File"并在出现的对话框中输入文件名，进入编辑状态。与运行 Java 程序一样，先对 HTML 文件进行编译，编译通过后执行文件即可。

2. 通过命令行运行

程序运行分两步：

（1）编写好 Applet 程序，在命令行状态下使用命令"javac 文件名 .Java"对源 Java 程序进行编译。此处的文件名是 Java 程序文件名。

（2）编译通过后，在命令行状态下执行"appletviewer 文件名"则可运行 Applet 程序。此处的文件名指 HTML 代码对应的文件名。

任务二　加载图像

一、问题情景及实现

当用浏览器打开 Applet 程序时，出现如图 11—9 所示的界面。在 Applet 中可以通过单击 "forward" 和 "backwards" 按钮实现图像向后、向前翻动。

图 11—9　在 Applet 中切换图像

具体实现代码如下：

```java
import java.applet.*;
import java.awt.*;
import java.awt.event.*;
public class Photos extends Applet implements ActionListener
{
    final int number = 5;                              //设置图像的数量
    int count = 0;
    Image card[ ] = new Image[number];
    Button forward = new Button("forward");           //初始化按钮
    Button backward = new Button("backward");
    public void init( )                               //初始化窗体
    {
        forward.addActionListener(this);
        backward.addActionListener(this);
        add(forward);
        add(backward);
        for(int i = 0;i<number;i++ )                   //加载图像
        {
            card[i] = getImage(getCodeBase( ),"pic" + i + ".jpg");
        }
    }
    public void paint(Graphics g)
```

```
        {
            if((card[count])! = null)
            {
                g. drawImage(card[count],120,60,100,100,this);    //显示图像
            }
        }
        public void actionPerformed(ActionEvent e)              //事件响应
        {
            if(e. getSource( ) == forward)
            {
            count ++ ;
            if(count>number - 1)
            count = 0;
            }
            else
            {
            count -- ;
            if(count<0)
            count = number - 1;
            }
            repaint( );
        }
}
```

相应的 HTML 文件的代码如下:

```
〈html〉
〈applet code = "photos. class" height = 200 width = 300〉
〈/applet〉
〈/html〉
```

 知识分析

在 Java 中，图像信息是封装在抽象类 Image 中的，因为 Image 是一个抽象类，所以不能直接生成一个图像对象，而需要特殊的方法载入或生成图像对象。

本程序需要在当前与类文件及网页文件相同的目录下，放入浏览的图片，文件名分别为 pic0. jpg、pic1. jpg、…、pic4. jpg。本程序主要实现了图像的载入、显示和刷新等功能。

二、相关知识：装载图像、跟踪图像的下载、显示图像、其他处理类

在 java. awt、java. awt. image 和 java. applet 类库中都提供了支持图像操作的类和方法，对图像的载入、生成、显示和处理进行操作。

（一）装载图像

由于 Applet 程序主要在网络上运行，因此网络上图像文件需要用 URL 形式描述。

例如：

```
URL url = new URL("http://www.xxx.com/Applet/image0.gif");
```

在 Applet 中提供了两种形式来装载图像对象：

```
public Image getImage(URL url)                        //方式一
public Image getImage(URL url,String filename)        //方式二
```

其中，url 是图像文件所在的路径，filename 是图像文件的名字。这两种形式都通过参数 url 设定的路径来寻找图像，将其载入一个 Image 类的对象并且返回。后一种形式还将返回的图像对象命名为 filename，这种加载的方法在实际中更为常用。

Java 支持两种图像格式，分别是 GIF 和 JPEG。其中 GIF 图像至多只能有 256 种颜色，而 JPEG 格式支持更多的颜色，并拥有比 GIF 更好的压缩比和精度。例如：

```
Image img = getImage(getDocumentBase( ),"pic1.gif");
Image img = getImage("http://localhost/java /pic1.jpg");
```

（二）跟踪图像的下载

为了在下载图像时，避免出现残缺不全的情况，可以对图像的下载进行跟踪。图像的跟踪可以使用类 MediaTracker 或者接口 ImageObserver 实现。

（1）接口 ImageObserver 定义了一个方法来获取图像载入情况的数据。例如：

```
boolean imageUpdate(Image img,int infoflags,int x,int y,ImageObserver obs);
```

其中，infoflags 对应的常量，如 width、height、abort 等，用来获得图像的下载情况。

（2）MediaTracker 可以实现对图像的同步或异步跟踪。例如：

```
MediaTracker tracker = new MediaTracker(abc);          //生成对象
Tracker.addImage(img,id);
//加入要跟踪的图像，img 为要跟踪的图像，id 为下载的优先级
```

在显示图像时，可以调用 ImageObserver 中的方法 imageUpdate( ) 来判断图像的载入情况。由于方法 drawImage( ) 在显示了已经载入的图像数据后立刻返回，所以图像还没有完全载入之前显示是不完整的，我们可以使用 MediaTracker 类使得图像完全载入后再显示。

MediaTracker 提供的主要方法如表 11—1 所示。

表 11—1　　　　　　　　　　　　　　MediaTracker 的主要方法

返回类型	方　　法	用　　途
void	MediaTracker(Component comp)	构造方法，为指定的组件 comp 创建一个 MediaTracker 对象
void	addImage(Image image,int id)	将图片加入到 MedialTracker 的监视队列中去，image 为要被监视的图像对象，id 为监视图像在监视队列中的标识号
void	AddImage(Image image,intid, int w,int h)	将图片加入到 MediaTracker 的监视队列中去，w 为所监视的图像对象的宽度，h 为所监视的图像对象的高度
boolean	CheckAll( )	检查所有被监视的图像对象是否已经完成了装载过程。如果所有图像对象已经完成了装载，则返回 true，否则为 false

续前表

返回类型	方　　法	用　　途
boolean	CheckAll(Boolean load)	检查所有被监视的图像对象是否已经完成了装载过程。如果 load 为 true，则开始装载那些还没有被装载的图像
boolean	CheckId(int id)	检查在监视队列中所有标识号为 id 的图像对象是否已经完成了装载过程。如果已经完成了装载过程，则返回 true
boolean	CheckId(int id,Boolean load)	检查在监视队列中所有标识号为 id 的图像对象是否已经完成了装载过程。如果 load 为 true，且在监视队列中的标识号为 id 的图像没有被装载的话，则开始装载此图像对象
void	RemoveImage(Image image)	从监视队列中移去指定的图像对象 image
void	RemoveImage（Image　image, int id)	从监视队列中移去指定 id 的图像对象 image
void	WaitForAll( )	开始装载监视队列中没有被装载的图像对象，如果装载不成功，则抛出一个异常
void	WaitForId(int id)	开始装载监视队列中标识号为 id 的图像对象，如果装载不成功，则抛出一个异常
boolean	WaitForId(int id，long ms)	开始装载监视队列中标识号为 id 的图像对象，如果装载时间超时，则取消装载，并返回 false

（三）显示图像

图像的显示是通过 java. awt. Graphics 类的 drawImage 方法来实现的。例如：

```
drawImage(Image img, int x, int y, ImageObserver observer);
drawImage(Image img, int x, int y, int width, int height, ImageObserver observer);
```

其中，img 是图像对象，x 和 y 是显示的坐标，observer 是绘图的监视器，也就是在哪个对象上绘制图像，以 Applet 作为监视器，就用 this 作为参数。在第二个方法中的 width 和 height 指定了图像显示的宽度和高度，如果图像大小与定义不一致，图像将根据设置的大小进行缩放。

（四）其他处理类

在 java. awt. image 中，还有很多图像生成和处理的类，例如：

图像生成：类 FilteredImageSourse 和 MemoryImageSource 等。

图像处理：类 ImageFilter 及其子类 CropImageFilter、RGBImageFilter 等。

下面的程序片段加载了图像并对其进行显示：

```
public void init( ){
……
Image img = getImage(getDocumentBase( ),"pic. gif"));
……
}
public void paint(Graphics g){
……
g. drawImage(img,0,0,this);
……
}
```

说明： init( )是程序的初始化参数，一般会在构造函数中调用，在这里创建一个 Image 对象 img 并加载图像，然后在 paint( )函数中将它画出，paint( )函数会在屏幕画出窗口时调用。这里画出了 img 对象，图像的左上角的坐标是窗口的（0,0）点。

使用这种方法，只要图像被完整加载，就可以简单地在屏幕上立即显现。

任务三　播 放 声 音

一、问题情景及实现

当用浏览器打开 Applet 程序时，出现如图 11—9 所示的界面，输出图像同时播放音乐。具体实现代码如下：

```java
import java.applet.*;
import java.awt.*;
import java.awt.event.*;
public class Music3 extends Applet implements ActionListener
{
    final int number = 5;
    int count = 0;
    Image card[ ] = new Image[number];
    Button forward = new Button("forward");
    Button backward = new Button("backword");
    AudioClip au;
    public void init( )
    {
        au = getAudioClip(getDocumentBase( ),"蓝精灵.wav");        //播放声音文件
        au.loop( );                                                //循环播放
        forward.addActionListener(this);
        backward.addActionListener(this);
        add(forward);
        add(backward);
        for(int i = 0;i<number;i++)
        {
            card[i] = getImage(getCodeBase( ),"pic" + i + ".jpg");
        }
    }
    public void paint(Graphics g)
    {
        if((card[count])! = null)
        {
            g.drawImage(card[count},120,60,100,100,this);
        }
    }
```

```
    public void actionPerformed(ActionEvent e)
    {
        if(e. getSource( ) == forward)
        {
            count ++ ;
            if(count>number-1)
            count = 0;
        }
        else
        {
            count -- ;
            if(count<0)
            count = number-1;
        }
        repaint( );
    }
}
```

相应的 HTML 文件中的代码如下：

```
〈html〉
〈applet code = "Music3. class" height = 100 width = 500〉
〈/applet〉
〈/html〉
```

 知识分析

在任务二中，我们仅完成了欣赏图片的功能；在任务三中，我们将完成声音播放的功能。能否在我们欣赏图片的同时，也欣赏音乐呢？答案是肯定的，现在我们来完善程序即在欣赏图片的同时欣赏音乐。

二、相关知识：Applet 类的 play( ) 方法和 AudioClip 类的使用

Java 支持的音频格式比较多，常用的有 5 种：AIFF、AU、WAV、MIDI、RMF。在这 5 种声音格式的文件中，通常使用的格式是 WAV 和 AU 两种。对于声音来说，音质可为 8 位或 16 位的单声道和立体声，采样频率从 8~48kHz，音质越好，占用的资源就越多。对于面向网络的 Applet 程序来说，必须考虑声音文件的大小，需要在音质和文件大小之间采取折中的办法。但是我们只能在 Applet 中播放声音，Application 应用程序中是不能播放声音的。

Java 提供了两种方法播放声音，第一种是利用 Applet 类提供的 play( ) 方法直接播放，此方法非常简单，但是只能一次性播放声音，不能重复；第二种利用 AudioClip 类就可以控制声音的播放和停止。

（一） Applet 类的 play( ) 方法——直接播放

Applet 类的 play( ) 方法的格式如下：

```
public void play(URL url);
public void play(URL url,String name);
```

其中，url 表示声音文件所在的路径，name 表示声音文件名。与 getImage( )方法的调用方法一致，play( )方法也采用 URL 定位文件。

如果我们想播放的声音文件与 Applet 文件放在同一路径下，就可以使用如下方式：

```
play(getCodeBase( ),"music1.wav");
```

【例 11—4】播放儿歌蓝精灵。

（1）Applet 源代码如下：

```
import java.awt.*;
import java.applet.*;
public class Music1 extends Applet {
    public void paint(Graphics g)
    {
        play(getCodeBase( ),"蓝精灵.wav");
        g.drawString("正在播放歌曲蓝精灵",30,40);
    }
}
```

（2）相应的 HTML 文件代码如下：

```
<html>
<applet code = "Music1.class" height = 100 width = 500>
</applet>
</html>
```

程序中，将播放的声音文件放在 paint 方法中，每次刷新页面时，就会播放声音文件。

（二）AudioClip 类的使用——控制播放

为了实现对声音文件的播放控制，需要使用 AudioClip 类的对象。生成 AudioClip 类对象的方式有两种，可以使用 Applet 的方法来生成，方法如下：

```
public AudioClip getAudioClip(URL url,String name);
public AudioClip getAudioClip(URL url);
```

从上面两个方法来看，都用到了 URL，它的含义和用法与前面讲的图像的加载是一致的。例如：

```
au = getAudioClip(getCodeBase( ),"music.wav");
```

对声音文件的播放控制有 3 种方法：

public void play( )：播放一遍。

public void loop( )：循环播放。

public void stop( )：停止播放。

【例 11—5】利用 AudioClip 类播放声音文件。

（1）Applet 源代码如下：

```
import java.applet.*;
import java.awt.*;
public class Music2 extends Applet
{
    AudioClip au;
    public void init( )
    {
        au = getAudioClip(getDocumentBase( ),"蓝精灵.wav");
        au.loop( );
    }
    public void paint(Graphics g)
    {
        g.drawString("正在播放歌曲蓝精灵",30,40);
    }
}
```

（2）相应的 HTML 文件代码如下：

```
〈html〉
〈applet code = "Music2.class" height = 100 width = 500〉
〈/applet〉
〈/html〉
```

当通过浏览器打开该 Applet 程序时，图形界面中显示"正在播放歌曲蓝精灵"信息，同时循环播放声音文件。

综合实训十一　模 拟 时 钟

【实训目的】

通过本实训项目使学生能较好地熟悉 Java GUI 设计，能按基本规范书写程序，熟练使用 Applet 进行程序设计。

【实训情景设置】

设计一个时钟模拟程序，能够综合利用 Applet、Java API 等。

【项目参考代码】

```
import java.awt.*;
import java.awt.event.*;
import java.awt.geom.*;
import java.util.Calendar;
import javax.swing.*;
public class Clock extends JPanel implements ActionListener
{
protected static Ellipse2D face = new Ellipse2D.Float(3,3,94,94);        //创建时钟的外形
protected static GeneralPath tick = new GeneralPath( );                  //创建时钟的标记
static
```

```java
{
        tick. moveTo(100,100);
        tick. moveTo(49,0);
        tick. lineTo(51,0);
        tick. lineTo(51,6);
        tick. lineTo(49,6);
        tick. lineTo(49,0);
}
//创建时针
protected static GeneralPath hourHand = new GeneralPath( );
static
{
        hourHand. moveTo(50,15);
        hourHand. lineTo(53,50);
        hourHand. lineTo(50,53);
        hourHand. lineTo(47,50);
        hourHand. lineTo(50,15);
}
//创建分针
protected static GeneralPath minuteHand = new GeneralPath( );
static
{
        minuteHand. moveTo(50,2);
        minuteHand. lineTo(53,50);
        minuteHand. lineTo(50,58);
        minuteHand. lineTo(47,50);
        minuteHand. lineTo(50,2);
}
//创建秒针
protected static GeneralPath secondHand = new GeneralPath( );
static
{
        secondHand. moveTo(49,5);
        secondHand. lineTo(51,5);
        secondHand. lineTo(51,62);
        secondHand. lineTo(49,62);
        secondHand. lineTo(49,5);
}
//设置时钟的颜色
    protected static Color faceColor = new Color(220,220,220);
    protected static Color hourColor = Color. red. darker( );
    protected static Color minuteColor = Color. blue. darker( );
    protected static Color secondColor = new Color(180,180,0);
```

```java
protected static Color pinColor = Color.gray.brighter( );
//创建时钟的枢纽
protected Ellipse2D pivot = new Ellipse2D.Float(47,47,6,6);
protected Ellipse2D centerPin = new Ellipse2D.Float(49,49,2,2);
//创建绕时钟枢纽转的变换
protected AffineTransform hourTransform =
                AffineTransform.getRotateInstance(0,50,50);
protected AffineTransform minuteTransform =
                AffineTransform.getRotateInstance(0,50,50);
protected AffineTransform secondTransform =
                AffineTransform.getRotateInstance(0,50,50);
//创建每秒触发一次的 Timer
protected Timer timer = new Timer(1000,this);
protected Calendar calendar = Calendar.getInstance( );
public Clock( )
{
    setPreferredSize(new Dimension(100,100));
}
//当 plane 加入 container 中时发生
public void addNotify( )
{
    super.addNotify( );
    timer.start( );
}
//当 plane 从 container 中移出时发生
public void removeNotify( )
{
    timer.stop( );
    super.removeNotify( );
}

public void actionPerformed(ActionEvent event)
{
    //更新 calender 的时间
    this.calendar.setTime(new java.util.Date( ));
    int hours = this.calendar.get(Calendar.HOUR);
    int minutes = this.calendar.get(Calendar.MINUTE);
    int seconds = this.calendar.get(Calendar.SECOND);
    //设置变换，使得时针、分针、秒针各自绕枢纽旋转一定的角度
    hourTransform.setToRotation(((double) hours) * (Math.PI / 6.0),50,50);
    minuteTransform.setToRotation(((double) minutes) * (Math.PI / 30.0),50,50);
    secondTransform.setToRotation(((double) seconds) * (Math.PI / 30.0),50,50);
    repaint( );
```

```
    }
    public void paint(Graphics g)
    {
        super. paint(g);
        //得到图形上下文和抗锯齿处理
        Graphics2D g2 = (Graphics2D) g;
        g2. setRenderingHint(RenderingHints. KEY_ANTIALIASING,
                            RenderingHints. VALUE_ANTIALIAS_ON);
        g2. setPaint(faceColor);
        g2. fill(face);
        g2. setPaint(Color. black);
        g2. draw(face);
        //产生钟面上 12 个滴答位置
        for (double p = 0. 0; p < 12. 0; p + = 1. 0)
        {
            //利用变换画出同心的滴答的标线
            g2. fill(tick. createTransformedShape(
            AffineTransform. getRotateInstance((Math. PI / 6. 0) * p, 50, 50)));
        }
        g2. setPaint(hourColor);
        g2. fill(hourHand. createTransformedShape(hourTransform));
        g2. setPaint(minuteColor);
        g2. fill(minuteHand. createTransformedShape(minuteTransform));
        g2. setPaint(secondColor);
        g2. fill(secondHand. createTransformedShape(secondTransform));
        g2. fill(pivot);
        g2. setPaint(pinColor);
        g2. fill(centerPin);
    }
    public static void main(String[ ]args)
    {
        JFrame frame = new JFrame( );
        frame. setLocation(700, 400);
        frame. setDefaultCloseOperation(JFrame. EXIT_ON_CLOSE);
        frame. getContentPane( ). add(new Clock( ));
        frame. pack( );
        frame. show( );
    }
}
```

【程序模拟运行结果】

程序的运行结果如图 11—10 所示。

图 11—10　运行结果

拓展动手练习十一

1. 练习目的

(1) 熟悉 Applet 程序的编写与运行。

(2) 掌握 HTML 文件与 Applet 间参数的传递。

(3) 掌握在 Applet 中输出图像与声音的方法。

2. 练习内容

(1) 请编写一个 Applet，将它的 HTML 文件中给出的两个 float 型参数作加数，求它们的和，并显示结果。

(2) 准备好几个音乐文件和一幅图像，编写一个 Applet，显示一幅图像并添加"播放"、"循环"、"停止" 3 个按钮，用于控制音乐文件的播放。

习　题　十一

一、选择题

1. 下列方法中，哪一个不是 Applet 的基本方法(　　)？

　　A. init( )　　　　　　B. run( )　　　　　　C. stop( )　　　　　　D. start( )

2. 在 Java 中判定 Applet 的来源的方法有(　　)。

　　A. getcodebase( )　　　　　　　　　　　B. getdocumentbase( )

　　C. getCodeBase( )　　　　　　　　　　　D. getDocumentBade( )

3. 想从当前网页 http://zyxy. edu. cn/java 下载 xy. jpg 图片，以下语句能实现此功能的是(　　)。

　　A. Image pic＝this. getImage(new URL("http://zyxy. edu. cn/java/") ,"xy. jpg");

　　B. Image pic＝ this. getImage("http://zyxy. edu. cn/java/" ,"xy. jpg");

　　C. URL u＝new URL(this. getCodeBaseU,"xy. jpg");

　　　　Image pic＝this. getImage(u);

　　D. URL u＝new URL(this. getCodeBaseU,this. getParameter("IMAGE"));

　　　　Image pic＝this. getImage (u);

4. 从当前网页获得声音（声音存储在与当前网页同一文件夹下的 sound 文件夹中）的语句有 (　　)。

　　A. this. play(this. getCodeBase( ) ,"bg. mid");

B. this. play(this. getDocumentBase( ) ,"sound/bg. mid");

C. this. play(this. getcodebase( ) ,"bg. mid");

D. this. play(this. getdocumentBase( ) ,"sound/bg. mid");

二、填空题

1. 在编写 Java Applet 程序时，需要在程序的开头写上＿＿＿＿＿＿＿＿＿＿＿＿语句。

2. 在 Applet 程序的生命周期中，浏览器通过调用＿＿＿＿＿＿＿＿＿＿、＿＿＿＿＿＿＿＿＿＿、
＿＿＿＿＿＿＿＿＿＿和＿＿＿＿＿＿＿＿＿＿方法来控制 Applet 程序。

3. Applet 的＿＿＿＿＿＿＿＿方法在开始时只执行一次，＿＿＿＿＿＿＿方法在用户每次访问包含
Applet 的 HTML 文件时都被调用，＿＿＿＿＿＿＿方法可以用来在其中画图，＿＿＿＿＿＿＿方法在用
户离开 Applet 所在的 HTML 页面时被调用。

4. Applet 小程序需要继承＿＿＿＿＿＿＿＿类。

5. 在显示或者重新显示 Applet 小程序时，会调用＿＿＿＿＿＿＿方法。

6. 在网页中嵌入 Applet 小程序的标记是＿＿＿＿＿＿＿。

7. 在第一次加载 Applet 时，默认最先执行的方法是＿＿＿＿＿＿＿。

8. 调用＿＿＿＿＿＿＿方法可以把 HTML 网页中的参数传递给 Applet。

9. 使用＿＿＿＿＿＿＿方法可以从 Web 站点上下载声音，并调用 play( ) 方法和 loop( ) 方
法播放它们。

三、简答题

1. 简述 Applet 与浏览器之间的交互过程。

2. Applet 中的 paint( ) 方法、repaint( ) 方法和 update( ) 方法三者之间有什么区别
和联系？

3. Java 程序可以通过调用哪个方法完成重画任务？

四、编程题

1. 编写一个 Applet 程序和相应的页面文件，通过页面文件传递参数，在 Applet 程序中
绘制一个长方形（长方形的长度和宽度由页面文件传递）。

2. 编写一个 Applet 程序，显示与 Applet 程序在同一文件夹下的图片文件 flower. jpg。

3. 编写一个 Applet 程序，循环播放与 Applet 程序在同一文件夹下的声音文件 sound.
mid，并将其作为网页的背景音乐。

项目十二　网络考试系统的设计与实现

通过前面知识的学习，我们已经有了一定的程序编写能力，现在欠缺的是项目实战能力。这里我们通过一个实训项目"网络考试系统"对前面的内容进行综合运用，项目既有一定的实用性，又能通过该项目实训，把课本内容进行综合运用。读者可把本项目程序进行举一反三的练习，相信同学们的编程能力会有较大幅度的提高。

任务一　需求分析与设计

需求分析是软件设计的第一步，是成功实现整个软件系统的基础。认真做好需求分析，才能真正了解客户的要求，明确软件的开发目标。整个软件的开发工作都建立在需求分析的基础之上。

一、网络考试系统的功能需求

很多学校都设立了计算机实验室，计算机实验室除了担负学生平时的上机练习任务之外，还希望采用计算机对学生进行知识与能力考试。为此，我们设计一个网络考试系统，该系统既要能实现多人同时进行在线考试，还要能在考试结束后马上看到自己的成绩。该系统的实现既可以节约纸张，又能提高考试效率。

首先我们需要确定考试题目的类型，由于同学们大多是第一次设计相对复杂的程序，因此考试题目类型为标准选择题。题目类型确定以后，再分析系统的功能，它主要包括两个方面。

（1）客户端功能如下：

输入考号与姓名；

显示试题内容；

考试计时；

选择试题答案；

考试结束能查看考试成绩。

（2）服务器端功能如下：

对考生输入的考号与姓名进行验证；

向客户端传递试题内容；

统计并存储考生的得分。

二、场景分析

场景是从用户的角度观察目标软件系统的外部行为，是用户与系统进行交互的一组具体动作。

通过分析，考试系统客户端包括以下几个场景：输入考生信息并验证、开始考试并计时、选取试题、提交答案、查看成绩。

（1）输入考生信息并验证：考生输入考号、姓名信息并单击"确定"按钮，此时应把考生信息送往服务器验证，经服务器端验证后，把验证结果送往客户端。如果验证不通过，则输出验证没有通过的相应提示。如果验证通过，则可以开始考试。

（2）开始考试并计时：当验证通过后，考生信息可设置为不显示，单击"开始考试"按钮，则从服务器端读取考试时间并显示在客户端界面中。

（3）选取试题：向服务器端发送请求，服务器把试题内容发送到客户端并显示。

（4）提交答案：当考生选取试题答案并单击"提交答案"按钮后，由服务器端记录考生提交的答案。

（5）查看成绩：当考生考完试题后，单击"成绩"按钮，可马上看到自己的考试成绩。

客户端的考试界面设置如图 12—1 所示。

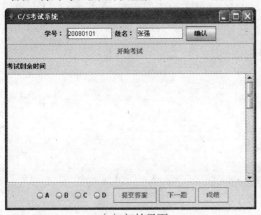
（a）初始界面

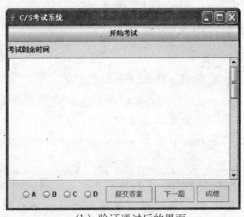
（b）验证通过后的界面

（c）验证失败界面

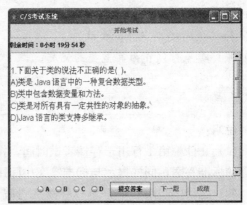
（d）考试界面

图 12—1　客户端考试界面

在服务器端，由于是对多名考生同时提供服务，因此服务器端不需要编写专门的考试界面，只按照客户端考生提交的请求进行相应的处理并把处理结果发送给客户端即可。

三、数据存储

1. 考生信息存储

考生信息由考号、姓名、成绩组成，由于数据量较少、处理比较简单，我们可采用 Access 数据库存储考生信息。数据表结构如表 12—1 所示。

表 12—1   **数据表结构**

字段名	数据类型	字段大小	索引
考号	文本	10	有（无重复）
姓名	文本	10	
成绩	数字	整数	

2. 试题存储

由于试题题目类型单一，且题量较少，比较适合用文件存储，因此我们选用文件作为存储介质。文件内容形式如下：

```
考试时间@20 分钟
标准答案@DB
1. 下面关于类的说法不正确的是（  ）。
A. 类是 Java 语言中的一种复合数据类型。
B. 类中包含数据变量和方法。
C. 类是对所有具有一定共性的对象的抽象。
D. Java 语言的类支持多继承。
* * * * * * * * * * * *
2. 以下关于 Java 语言继承的说法错误的是（  ）。
A. Java 中的类可以有多个直接父类。
B. 抽象类可以有子类。
C. Java 中的接口支持多继承。
D. 最终类不可以作为其他类的父类。
* * * * * * * * * * * *
试题结束
```

说明：

（1）文件中第 1 行用于存储考试时间，提示与时间中间用"@"分隔；第 2 行用于存储试题的标准答案，同样提示与标准答案中间用"@"分隔。

（2）题目中间用"*************"分隔。在最后一题的"************"后面有"试题结束"标识。

四、类的构造

1. 客户端

根据面向对象编程思想和功能需求，我们可把客户端分为如下两个类：

（1）主界面类：设置考试界面的基本样式并能实现考生信息验证。该类对应项目中的 ClientFrame 类。

（2）测试面板类：该类集中体现了考试界面的核心内容，包括考试时间、试题显示、选择答案等组件。该类实现了在考试过程中向服务器发送请求并处理来自服务器端的信息。该类对应项目中的 TestPanel 类。

2. 服务器端

根据面向对象编程思想及功能需求，我们可把服务器定义为如下 4 个类。

（1）数据库连接对象类：建立并返回数据库的连接对象。该类对应项目中的 DBConnec-tion 类。

（2）生成 Socket 对象类：建立服务器端的 ServerSocket 对象并生成与客户端通信的 Socket 对象。该类对应项目中的 MultiServer 类。

（3）读取文件内容的类：在该类中能获取考试时间并读取考试试题。该类对应项目中的 ReadTestFile 类。

（4）多线程类：在线程中及时处理客户端提出的要求，如考生信息验证、读取试题并发往客户端、计算考生成绩并发往客户端等。该类对应项目中的 ServerThread 类。

任务二　程序设计实现

一、客户端模块代码

1. 考试面板类

该类集中体现了考试界面的核心内容，包括考试时间、试题显示、选择答案等组件。在该类中实现了在考试过程中向服务器发送请求并处理来自服务器端的信息。

```java
import java.awt.*;
import java.awt.event.*;
import javax.swing.*;
import java.io.*;
import java.net.*;
public class TestPanel extends JPanel implements ActionListener,Runnable
{
    //声明套接字通信用到的类对象和变量、计时器、线程对象
    Socket connectToServer;                          //套接字对象
    DataInputStream inFromServer;
    DataOutputStream outToServer;
    Thread thread;
    Timer testTimer;
```

```
    int testTime;                                          //考试剩余时间
      JButton startButton;
      JLabel timeLabel;
      JTextArea questionArea;
      JRadioButton radioButton[ ] = new JRadioButton[5];
      /* 5 个单选按钮,目的是设置前 4 个答案选项都不选中,而第 5 个选项选中,但第 5 个按钮设
         置为不可见 */
      ButtonGroup buttonGroup = new ButtonGroup( );
      JButton answerButton;
      JButton questionButton;
      JButton scoreButton;
      ClientFrame frame;
    public TestPanel(ClientFrame frame,Socket socket)
    {
          this. frame = frame;
          initPanelGUI( );
          //初始化套接字和接收、发送数据的数据流
          try{
              connectToServer = socket;
              inFromServer = new DataInputStream(
                            connectToServer. getInputStream( ));
              outToServer = new DataOutputStream(
                            connectToServer. getOutputStream( ));
          }catch(IOException e)
            {
             JOptionPane. showMessageDialog(null,"服务器连接错误");
             startButton. setEnabled(false);
            }
              testTimer = new Timer(1000,this);
              thread = new Thread(this);
              thread. start( );
    }
    public void actionPerformed(ActionEvent e)
    {
        if(e. getSource( ) == startButton)
        {
            startButtonPerformed( );
        }
        //计时器启动后,每隔 1s 更新一次考试剩余时间
        if(e. getSource( ) == testTimer)
        {
            testTimerPerformed( );
        }
```

```
        if(e. getSource( ) == questionButton)
        {
                radioButton[radioButton. length - 1]. setSelected(true);
                questionButtonPerformed( );
        }
        if(e. getSource( ) == answerButton)
        {
                answerButtonPerformed( );
        }
        if(e. getSource( ) == scoreButton)
        {
                scoreButtonPerformed( );
        }
}
/ * 线程启动后执行 run 方法, 接收服务器发送回来的信息并做出响应的处理 * /
public void run( )
{
    String inStr = "";
    while(true)
    {
        try{
            inStr = inFromServer. readUTF( );                  //从服务器套接字读取数据
            if(inStr. equals("验证失败"))
            {
            JOptionPane. showMessageDialog(null,"验证失败,请检查考号与姓名!");
            }
            if(inStr. equals("验证通过"))
            {
                frame. remove(frame. jPanel);
                startButton. setEnabled(true);
                frame. validate( );
            }
            if(inStr. startsWith("考试时间"))
            {
            inStr = inStr. substring(inStr. indexOf("@") + 1); //提取考试时间
            testTime = Integer. parseInt(inStr);               //得到考试用时
            timeLabel. setText(convertTime(testTime));         //显示考试用时
            testTimer. start( );
            }
            if(inStr. startsWith("下一题"))
            {
                inStr = inStr. substring(inStr. indexOf("@") + 1);
                                                        //提取试题内容
```

```
                    questionArea. setText(inStr);
                    if(inStr. startsWith("试题结束"))
                     {
                         testTimer. stop( );                        //停止计时
                         questionButton. setEnabled(false);
                         answerButton. setEnabled(false);
                         scoreButton. setEnabled(true);
                     }
                    }
                    if(inStr. startsWith("成绩"))
                    {
                       JOptionPane. showMessageDialog(null, inStr, "成绩显示",
                       JOptionPane. INFORMATION_MESSAGE);
                       socketClosing( );
                       }
                  }catch(Exception e)
                     {
                      socketClosing( );
                      questionArea. setText("服务器连接终止");
                      break;
                     }
         }
}
/* 初始化面板中的图形组件 */
private void initPanelGUI( )
{
      setLayout(new BorderLayout( ));
      JPanel northPanel = new JPanel( );
      northPanel. setLayout(new GridLayout(2,1));
      startButton = new JButton("开始考试");
      startButton. addActionListener(this);
      timeLabel = new JLabel("考试剩余时间");
      northPanel. add(startButton);
      northPanel. add(timeLabel);
      add(northPanel, BorderLayout. NORTH);
      questionArea = new JTextArea(30,10);
      questionArea. setLineWrap(true);
      questionArea. setWrapStyleWord(true);
      questionArea. setFont(new Font("幼圆", Font. PLAIN, 16));
      int vScroll = ScrollPaneConstants. VERTICAL_SCROLLBAR_AS_NEEDED;
      int hScroll = ScrollPaneConstants. HORIZONTAL_SCROLLBAR_NEVER;
      add(new JScrollPane(questionArea, vScroll, hScroll), BorderLayout. CENTER);
      JPanel southPanel = new JPanel( );
```

```
        JPanel radioPanel = new JPanel( );                          //放 5 个单选按钮的面板
        String s[ ] = {"A","B","C","D",""};
        for( int i = 0;i<radioButton. length;i++ )
        {
                radioButton[ i] = new JRadioButton(s[i],false);
                buttonGroup. add(radioButton[i]);
                radioPanel. add(radioButton[i]);
        }
        radioButton[radioButton. length - 1]. setVisible(false);     //第 5 个单选按钮不可见
        answerButton = new JButton("提交答案");
        answerButton. setEnabled(false);
        answerButton. addActionListener(this);
        questionButton = new JButton("下一题");
        questionButton. setEnabled(false);
        questionButton. addActionListener(this);
        scoreButton = new JButton("成绩");
        scoreButton. setEnabled(false);
        scoreButton. addActionListener(this);
        southPanel. add(radioPanel);
        southPanel. add(answerButton);
        southPanel. add(questionButton);
        southPanel. add(scoreButton);
        add(southPanel,BorderLayout. SOUTH);
}
/* 把毫秒表示的时间转化为时、分、秒的字符串表示 */
private String convertTime( int time)
{
            int leftTime = time/1000;
            int leftHour = leftTime/3600;
            int leftMinute = (leftTime - leftHour * 3600)/60;
            int leftSecond = leftTime % 60;
            String timeStr = "剩余时间:" + leftHour + "小时"
                                + leftMinute + "分 " + leftSecond + "秒";
            return timeStr;
}
/* 单击"开始考试"按钮后要执行的任务 */
private void startButtonPerformed( )
{
        startButton. setEnabled(false);                             //将"开始考试"按钮设置为单击无效
        questionButton. setEnabled(true);                           //设置"下一题"按钮可单击
        try{
            outToServer. writeUTF("开始考试");
          } catch(IOException ioe)
```

```
        {
            JOptionPane. showMessageDialog(null,"向服务器写\"开始考试\"失败");
        }
}
/* 计时器倒计时 */
private void testTimerPerformed( )
{
    testTime - = 1000;
    timeLabel. setText(convertTime(testTime));
    if(testTime< = 0)                                    //倒计时为 0
    {
        testTimer. stop( );                              //计时器停止
        questionButton. setEnabled(false);
        answerButton. setEnabled(false);
    }
}
/* 单击"下一题"按钮后要执行的任务 */
private void questionButtonPerformed( )
{
    questionButton. setEnabled(false);
    answerButton. setEnabled(true);
    try {
    outToServer. writeUTF("下一题");
    }catch(IOException ioe) {
    JOptionPane. showMessageDialog(null,"向服务器写\"下一题\"失败");
  }
}
/* 单击"提交答案"按钮后要执行的任务 */
private void answerButtonPerformed( )
{
    String answer = "";
    questionButton. setEnabled(true);
    answerButton. setEnabled(false);
    for(int i = 0;i<radioButton. length;i + + )
    {
        if(radioButton[ i]. isSelected( ))
        {
            answer = radioButton[ i]. getLabel( );              //得到选择的答案
            break;
        }
    }
    try {
        outToServer. writeUTF("提交答案@" + answer);
```

```
        } catch(IOException ioe)
          {
          JOptionPane. showMessageDialog(null,"向服务器\"提交答案\"失败");
          }
}
/* 单击"成绩"按钮后要执行的任务 */
private void scoreButtonPerformed( )
{
      try {
            scoreButton. setEnabled(false);
            outToServer. writeUTF("成绩");
          }catch(IOException ioe)
            {
            JOptionPane. showMessageDialog(null,"要求服务器发送\"成绩\"失败");
            }
}
/* 关闭所有连接 */
private void socketClosing( )
{
      try{
            inFromServer. close( );
            outToServer. close( );
            connectToServer. close( );
      } catch(Exception e)
          {
           JOptionPane. showMessageDialog(null,"关闭 socket 异常!");
          }
      }
}
```

2. 客户端主类

在该类中设置了考试界面的基本样式并能实现考生信息验证。

```
import java. awt. *;
import java. awt. event. *;
import javax. swing. *;
import java. net. *;
import java. io. *;
public class ClientFrame extends JFrame implements ActionListener
{
      TestPanel myPanel;
      JPanel jPanel;
      JLabel jXh, jXm, jUserCheckOk;
      JTextField tXh, tXm;
```

```java
    JButton ok;
    Socket socket;
    DataOutputStream outToServer;
    public ClientFrame(String s)
    {
        super(s);
        //创建连接到本机服务器、5500端口的套接字对象，并初始化面板
        try{
            socket = new Socket("127.0.0.1",5500);
            outToServer = new DataOutputStream(socket.getOutputStream( ));
          } catch(IOException e)
                {
                    JOptionPane.showMessageDialog(null,"数据流建立错误");
                }
        myPanel = new TestPanel(this,socket);
        myPanel.startButton.setEnabled(false);
        add(myPanel,BorderLayout.CENTER);
        jPanel = new JPanel( );
        jXh = new JLabel("学号:");
        jXm = new JLabel("姓名:");
        ok = new JButton("确认");
        tXh = new JTextField(8);
        tXm = new JTextField(8);
        jUserCheckOk = new JLabel("考生验证通过!");
        jPanel.add(jXh);
        jPanel.add(tXh);
        jPanel.add(jXm);
        jPanel.add(tXm);
        jPanel.add(ok);
        ok.addActionListener(this);
        add(jPanel,"North");
        setSize(500,380);
        setVisible(true);
        setDefaultCloseOperation(JFrame.EXIT_ON_CLOSE);
    }
    public static void main(String args[ ])
    {
        ClientFrame frame = new ClientFrame("C/S考试系统");
    }
    public void actionPerformed(ActionEvent e)
    {
        try{
            outToServer.writeUTF("考生验证@" + tXh.getText( ) + "@" + tXm.getText( ));
```

```
        } catch(IOException ioe)
          {
              JOptionPane. showMessageDialog(null,"服务器连接失败");
          }
     }
}
```

二、服务器端模块代码

1. 数据库连接对象类

建立并返回数据库的连接对象。在本项目中数据库连接采用了 JDBC-ODBC 模式，数据源的名称为"student"。数据源配置可参照前面讲的方法。

```java
import java. sql. *;
public class DBConnection
{
     public static Connection getConnection( )
     {
      Connection con = null;
      try{
          Class. forName("sun. jdbc. odbc. JdbcOdbcDriver");
          con = DriverManager. getConnection("jdbc:odbc:student","","");
          }catch(Exception e){ }
      return con;
     }
}
```

2. 服务器端主类

在该类中创建了服务器端的 ServerSocket，当有客户发出连接服务器的请求时，生成与客户端进行通信的 Socket 对象。

```java
import java. io. *;
import java. net. *;
public class MultiServer
{
     public static void main(String args[ ]) throws IOException
     {
          System. out. println("建立并等待连接......");
          ServerSocket serverSocket = new ServerSocket(5500);
          Socket connectToClient = null;
          while(true)
           {
              connectToClient = serverSocket. accept( );
              new ServerThread(connectToClient);
           }
```

```
        }
    }

3. 读文件类
```

在该类中能获取考试时间、标准答案、读取考试试题等。

```java
import java. io. *;
public class ReadTestFile
{
    private BufferedReader bufReader;
    public int testTime;                                    //试题规定考试时间
private String correctAnswer;
public ReadTestFile( ) throws IOException
{
    bufReader = new BufferedReader(new FileReader("test. txt"));
    //从文件第 1 行提取规定用时
    String s = bufReader. readLine( );
    int i1 = s. indexOf('@');                              //得到字符@的索引值
    int i2 = s. indexOf("分钟");                           //得到字符串"分钟"的索引值
    s = s. substring(i1 + 1, i2);                          //得到用分钟表示的考试规定用时
    testTime = Integer. parseInt(s) * 60 * 1000;           //将考试规定用时转化为 ms
    //从文件第 2 行提取标准答案
    s = bufReader. readLine( ). trim( );
    correctAnswer = s. substring(s. indexOf("@") + 1);
}
public int getTestTime( )
{
    return testTime;
}
public String getCorrectAnswer( )
{
    return correctAnswer;
}
/ * 读取试题中的每一题并返回，读到文件最后 * /
public String getTestQuestion( )
{
    String testQuestion = "";
    try {
        StringBuffer temp = new StringBuffer( );
        String s = "";
        if(bufReader! = null)
        {
            while((s = bufReader. readLine( ))! = null)
            {   //读第 3 行的试题内容
```

```
                if(s. startsWith(" * "))           //每个试题后面有1行*****,表明该题结束
                    break;
                temp. append("\n" + s);
                if(s. startsWith("试题结束"))
                    bufReader. close( );
            }
                testQuestion = temp. toString( );
        }
    }catch(Exception e)
        {
            testQuestion = "试题结束";
        }
    return testQuestion;
    }
}
```

4. 多线程类

在线程中及时处理客户端提出的要求,如考生信息验证、读取试题并发往客户端、计算考生成绩并发往客户端等。其中考生信息验证及最终考试成绩都是通过数据库操作实现的。

```
import java. io. *;
import java. net. *;
import java. util. *;
import java. sql. *;
import javax. swing. *;
public class ServerThread extends Thread
{
  Socket connectToClient;                            //服务器端传送/接收数据的套接字
  DataOutputStream outToClient;                       //向客户输出数据
  DataInputStream inFromClient;
  ReadTestFile readTestFile;
  String selectedAnswer = "";                         //存放用户发送的答案
  String kaohao = "", xingming = "";
  public ServerThread(Socket socket)
  {
      connectToClient = socket;
      try {
          readTestFile = new ReadTestFile( );
          inFromClient = new DataInputStream(connectToClient. getInputStream( ));
          outToClient = new DataOutputStream(connectToClient. getOutputStream( ));
      }catch (IOException e) { }
      start( );                                       //启动线程
  }
  private void socketClosing( )
```

```
        {
        try{
            inFromClient. close( );
            outToClient. close( );
            connectToClient. close( );
        } catch(Exception e)
        {
            System. out. println("关闭 socket 异常!");
        }
    }
    public void run( )
    {
        String inStr = "";                            //表示收到客户端信息的字符串
        String outStr = ";                            //表示发送到客户端信息的字符串
        while(true)
        {
            try {
                inStr = inFromClient. readUTF( );
                if(inStr. startsWith("考生验证"))
                {
                    int start, end;
                    start = inStr. indexOf("@") + 1;
                    end = inStr. indexOf("@", start);
                    kaohao = inStr. substring(start, end);
                    xingming = inStr. substring(end + 1);
                    try{
                        Connection con = DBConnection. getConnection( );
                        String cx = "select count( * ) from student where 考号 = '" + kaohao
                                    + "'and 姓名 = '" + xingming + "'";
                        Statement st = con. createStatement( );
                        ResultSet rs = st. executeQuery(cx);
                        rs. next( );
                        if(rs. getInt(1) == 1)
                            outToClient. writeUTF("验证通过");
                        else
                            outToClient. writeUTF("验证失败");
                        }catch(Exception e)
                        {
                            System. out. println("数据库连接出错!");
                        }
                    }
                    //接收客户单击"开始考试"按钮后,向客户发回考试时间
                    if(inStr. startsWith("开始考试"))
                        {
```

```
            int time = readTestFile. getTestTime( );          //考试时间
            outToClient. writeUTF("考试时间@" + time);
            System. out. println(inStr);                        //显示"考试开始"
              }
          //接收客户单击"下一题"按钮后,向客户发回每一题
          if(inStr. startsWith("下一题"))
          {
            outStr = readTestFile. getTestQuestion( );          //下一题内容
            outToClient. writeUTF("下一题@" + outStr);
          }
        //接收客户单击"提交答案"按钮后,答案追加 SelectedAnswer
        else if(inStr. startsWith("提交答案"))
          {
          inStr = inStr. substring(inStr. indexOf("@") + 1);//取出接收到的答案
          selectedAnswer + = inStr;
          }
          //接收客户单击"成绩"按钮后,向客户发回成绩
          else if(inStr. startsWith("成绩"))
            {
                int score = getTestScore( );
                if(score > = 60)
                    outStr = "成绩:" + score + "\n 祝贺你通过考试!";
                else
                    outStr = "成绩:" + score + "\n 你没有通过考试!";
                outToClient. writeUTF(outStr);
                try{
                    Connection con = DBConnection. getConnection( );
                    String cx = "update student set 成绩 = " + score + " where
                            考号 = '" + kaohao + "'and 姓名 = '" + xingming + "'";
                    Statement st = con. createStatement( );
                    st. executeUpdate(cx);
                }catch(Exception e)
                  {
                        System. out. println("数据库连接出错!");
                  }
            }
        }catch(IOException e)
            {
            socketClosing( );
            System. out. println("与客户的连接中断");
            break; //终止循环
            }
    }
}
```

```
private int getTestScore( )
{
    String correctAnswer = readTestFile. getCorrectAnswer( );
    int n = 0, testScore = 0;
    int length1 = correctAnswer. length( );
    int length2 = selectedAnswer. length( );
    int min = Math. min(length1, length2);
    for(int i = 0; i<min; i++)
    {
        if(selectedAnswer. charAt(i) == correctAnswer. charAt(i))
          n++;
    }
    testScore = (int)(100.0 * n/length1);
    return testScore;
}
}
```

项 目 小 结

本项目把本课程所学的面向对象程序设计、图形界面设计、异常处理、数据库与文件操作、多线程程序、网络通信进行了整合，开发了网络考试系统，该系统设计基本体现了程序开发的分析、设计与运行的过程。当然该系统功能还有不完善之处，特别是在服务器端还可以增加很多的管理功能，如用户的维护、试题的维护、试题类型的设置等，有待于读者进一步深入研究。

综合实训十二 学生信息管理系统设计

【实训目的】

(1) 会综合运用图形用户界面设计、异常处理、数据库设计等知识。

(2) 掌握项目开发的流程与设计方法。

【实训内容】

本次实训内容为一综合性实训，主要内容是设计一个学生信息管理系统，该系统分以下两方面的功能：

(1) 学生记录管理。包括添加、删除、修改、查询学生记录等功能。一条完整的学生记录信息，包含学生学号、姓名、性别、出生日期等字段。

为简单起见，本系统只对一个班级的学生进行管理，不包括班级字段。

(2) 学生成绩管理。包括输入课程成绩、统计课程平均分、对课程总成绩进行排名等功能。

为了输入学生成绩，系统应提供一张表格，学生记录按学号先后顺序排列，教师可在此表格内输入或编辑学生成绩。

对课程总成绩进行排名后，排名结果按名次先后顺序在一张表格中显示。此表格包含名次、学号、姓名、各门课成绩、总成绩等字段。

参 考 文 献

[1] 张兴科，王茹香. Java 实用案例教程. 北京：北京大学出版社，2008

[2] 叶核亚，陈立. Java 2 程序设计实用教程. 北京：电子工业出版社，2005

[3] 耿祥义，张跃平. Java 基础教程（第 2 版）. 北京：清华大学出版社，2007

[4] 许文宪，董子健. Java 程序设计教程与实训. 北京：北京大学出版社，2005

[5] 樊荣. Java 基础教程. 北京：机械工业出版社，2004

[6] 邵丽萍，邵光亚. Java 语言实用教程. 北京：清华大学出版社，2004

[7] 洪维恩. Java 2 面向对象程序设计. 北京：中国铁道出版社，2006

[8] 刘志成. Java 程序设计案例教程. 北京：清华大学出版社，2006

教师信息反馈表

　　为了更好地为您服务，提高教学质量，中国人民大学出版社愿意为您提供全面的教学支持，期望与您建立更广泛的合作关系。请您填好下表后以电子邮件或信件的形式反馈给我们。

您使用过或正在使用的我社教材名称		版次	
您希望获得哪些相关教学资料			
您对本书的建议（可附页）			
您的姓名			
您所在的学校、院系			
您所讲授课程的名称			
学生人数			
您的联系地址			
邮政编码		联系电话	
电子邮件（必填）			
您是否为人大社教研网会员	□ 是 会员卡号：_____ □ 不是，现在申请		
您在相关专业是否有主编或参编教材意向	□ 是　　　　□ 否 □ 不一定		
您所希望参编或主编的教材的基本情况（包括内容、框架结构、特色等，可附页）			

我们的联系方式：北京市海淀区中关村大街 31 号
中国人民大学出版社教育分社
邮政编码：100872
电　　话：010-62515912
网　　址：http://www.crup.com.cn/jiaoyu/
E-mail：jyfs_2007@126.com